U0412560

智能科学技术著作丛书

基于WLAN的位置指纹室内定位技术

陈丽娜 著

科学出版社
北京

内 容 简 介

本书以基于位置的服务(LBS)为背景,围绕如何降低 RSS 信号的随机性这一关键问题,对基于 WLAN 指纹定位的定位区域聚类、AP 选择以及 RSS 信号定位特征提取等主要内容进行了重点阐述。全书共 6 章,第 1～2 章介绍了位置服务与定位技术的发展和现状,第 3 章详细介绍了基于 WLAN 的位置指纹的定位理论,第 4 章详细阐述在 AP 密集分布的较大室内环境下 RSS 信号的分布特点,第 5 章重点阐述 RSS 信号的 AP 选择和特征提取技术,第 6 章则详细介绍了 RSS 信号的聚类算法和基于机器学习的室内定位方法。

本书可供从事室内定位技术研究的科研院所、设计部门和生产企业的技术人员参考,也适合高等学校通信工程、网络工程以及信息管理与信息系统等相关专业的师生使用。

图书在版编目(CIP)数据

基于 WLAN 的位置指纹室内定位技术/陈丽娜著.—北京:科学出版社,2015

(智能科学技术著作丛书)

ISBN 978-7-03-043672-6

Ⅰ.①基…　Ⅱ.①陈…　Ⅲ.①无线电定位　Ⅳ.①TN961

中国版本图书馆 CIP 数据核字(2015)第 048522 号

责任编辑:朱英彪 / 责任校对:桂伟利

责任印制:徐晓晨 / 封面设计:陈　敬

科学出版社出版

北京东黄城根北街 16 号

邮政编码:100717

http://www.sciencep.com

北京凌奇印刷有限责任公司印刷

科学出版社发行　各地新华书店经销

*

2015 年 10 月第 一 版　开本:720×1000 1/16

2020 年 7 月第六次印刷　印张:8

字数:145 000

定价:80.00 元

(如有印装质量问题,我社负责调换)

《智能科学技术著作丛书》序

“智能”是“信息”的精彩结晶，“智能科学技术”是“信息科学技术”的辉煌篇章，“智能化”是“信息化”发展的新动向、新阶段。

“智能科学技术”(intelligence science & technology，IST)是关于“广义智能”的理论方法和应用技术的综合性科学技术领域，其研究对象包括：

· “自然智能”(natural intelligence，NI)，包括“人的智能”(human intelligence，HI)及其他“生物智能”(biological intelligence，BI)。

· “人工智能”(artificial intelligence，AI)，包括“机器智能”(machine intelligence，MI)与“智能机器”(intelligent machine，IM)。

· “集成智能”(integrated intelligence，II)，即“人的智能”与“机器智能”人机互补的集成智能。

· “协同智能”(cooperative intelligence，CI)，指“个体智能”相互协调共生的群体协同智能。

· “分布智能”(distributed intelligence，DI)，如广域信息网、分散大系统的分布式智能。

“人工智能”学科自 1956 年诞生以来，在起伏、曲折的科学征途上不断前进、发展，从狭义人工智能走向广义人工智能，从个体人工智能到群体人工智能，从集中式人工智能到分布式人工智能，在理论方法研究和应用技术开发方面都取得了重大进展。如果说当年“人工智能”学科的诞生是生物科学技术与信息科学技术、系统科学技术的一次成功的结合，那么可以认为，现在“智能科学技术”领域的兴起是在信息化、网络化时代又一次新的多学科交融。

1981 年，“中国人工智能学会”(Chinese Association for Artificial Intelligence，CAAI)正式成立，25 年来，从艰苦创业到成长壮大，从学习跟踪到自主研发，团结我国广大学者，在“人工智能”的研究开发及应用方面取得了显著的进展，促进了“智能科学技术”的发展。在华夏文化与东方哲学影响下，我国智能科学技术的研究、开发及应用，在学术思想与科学方法上，具有综合性、整体性、协调性的特色，在理论方法研究与应用技术开发方面，取得了具有创新性、开拓性的成果。“智能化”已成为当前新技术、新产品的发展方向和显著标志。

为了适时总结、交流、宣传我国学者在“智能科学技术”领域的研究开发及应用成果，中国人工智能学会与科学出版社合作编辑出版《智能科学技术著作丛书》。需要强调的是，这套丛书将优先出版那些有助于将科学技术转化为生产力以及对社会和国民经济建设有重大作用和应用前景的著作。

我们相信，有广大智能科学技术工作者的积极参与和大力支持，以及编委们的共同努力，《智能科学技术著作丛书》将为繁荣我国智能科学技术事业、增强自主创新能力、建设创新型国家做出应有的贡献。

祝《智能科学技术著作丛书》出版，特赋贺诗一首：

智能科技领域广
人机集成智能强
群体智能协同好
智能创新更辉煌

涂序彦

中国人工智能学会荣誉理事长
2005年12月18日

序

当前，无线网络、移动智能终端的应用和普及得到了飞速的发展，随之基于位置的服务（location based services，LBS）也受到越来越多人的青睐。经济、及时、准确的室内位置消息将不断推动 LBS 的应用，并使其拥有巨大的市场空间和广阔的发展前景。该书针对基于无线局域网和接收信号强度的位置指纹室内定位技术的各个环节开展了较为深入的调查、研究和总结，将如何提高无线信号接收强度的可信度作为关键问题，把提高室内定位的可靠性和有效性作为研究目标，以基础理论研究为主，采用软件与硬件结合、仿真与实验并重的研究方法，阐述了 WLAN 指纹定位的定位区域聚类、接入点选择、接收信号强度、信号定位特征提取等主要技术环节的理论方案和可行性分析。书中第 4 章提出的改进型双高斯信号模型，较以往的高斯信号模型具有更好的拟合性，对提高定位精度具有实际的意义，该模型的提出具有一定的创新性和启发性。

在我国，室内定位技术的研究目前尚处于起步阶段，相信该书的出版一定会对我国室内定位技术的学术研究起到积极的促进作用，书中提出的研究方法和实验数据也将为业内的研究同行提供很好的参考和借鉴，并共同推动室内定位技术的发展。

董大南

2015 年 7 月

序

前　言

移动智能终端的广泛应用、无线网络的快速普及和大量应用，使得基于位置服务(location based services，LBS)的应用需求呈现出快速、大幅增长的趋势。目前，LBS已经迅速发展并普及到了社会生活和生产的各个领域，逐渐显示出良好的技术发展前景和巨大的应用市场空间。借助位置信息需求，定位技术已与LBS的发展紧密联系在一起。其中，可靠而高效的室内定位技术是实现LBS的前提和关键所在。

在已有的室内定位技术中，大多都需要额外的专用硬件设施，定位成本高，并且定位精度和覆盖范围受硬件条件的限制，不利于LBS在室内环境的应用和推广。基于无线局域网(wireless local area network，WLAN)和接收信号强度(received signal strength，RSS)的室内定位技术，充分利用了现有的WLAN公共基础设施，无需其他专用设备，只需特定的定位软件，即可通过移动智能终端实现定位。基于WLAN的室内定位技术具有定位成本较低、能满足大多数室内应用对定位精度的需求的优点，已经成为室内定位技术的首选。但是，随着室内无线接入点的广泛部署和智能终端设备的不断增减，室内无线电传播环境也越来越复杂，RSS表现出高度的多变性和复杂性，这严重影响了基于RSS的WLAN指纹定位系统的定位精度，给基于WLAN的位置指纹室内定位技术带来了全新的研究内容，也对研究工作者提出了更为艰难的挑战。

本书以LBS的实际应用需求为切入点，深入调查和研究了基于WLAN和RSS的位置指纹定位技术的相关背景、理论研究和实际应用，探讨如何降低RSS信号的随机性、如何进一步有效提高室内定位精度和置信率等关键问题。本书注重理论研究，运用多种研究方法，具体研究问题如下：

◇ 调查研究了室内RSS信号的分布特点。为了更好地描述RSS信号分布，书中选取了四种典型的室内环境(普通住宅、办公楼、教学楼和商场)进行信号收集，分析了人员、接收器方向以及样本数量对RSS信号的影响，提出了一种基于改进的双峰高斯模型(improved double-peak Gaussian distribution，IDGD)的定位算法。实验证明，与传统的基于直方图和高斯模型的定位技术相比，在保证相同定位精度的前提下，基于IDGD的定位算法可减少大约70%的样本数量。本书提出的IDGD算法可以大幅度地减少样本数量和数据采集工作量，节约定位成本，提高系统的定位精度。

◇ 研究了大定位目标区域的聚类问题。在较大范围的室内定位环境中，RSS 的统计特性变化更大，若基于学习型定位算法，对整个定位区域进行学习将增加算法的复杂度，建立的定位模型也不是最优的，不利于系统定位精度的提高。若采用聚类算法，将大的定位目标区域划分为若干个较小的定位子区域，并在每个定位子区域建立区域定位模型，即可降低计算复杂度、提高定位精度。书中针对已有的聚类分块没有考虑信号的相关性从而导致分类精度不够高的问题，提出了一种将 RSS 信号白化后再进行 k-means 聚类的算法。与 k-means 聚类算法相比，本书提出的聚类算法可将聚类准确度平均提高 3.7%，更利于降低系统计算复杂度，节约终端能耗，提高定位精度。

◇ 研究了接入点（access point，AP）选择的问题。来自不同 AP 的 RSS 信号所包含的信息量是不同的，在当前各个公共热点高密度部署 AP 的情况下，这种差异尤为明显。因此，并非所有 AP 提供的 RSS 信号都有利于定位，很多 RSS 信号可能受到各种噪声的影响，含有大量的冗余信息，不仅无法提高系统的定位精度，反而会起到反作用。为此，需要对 AP 的定位能力进行判别，筛选出最优的 AP 集合用于定位。针对已有的 AP 选择算法没有考虑 AP 的查全率和查准率的问题，本书基于信息熵理论，提出了一种基于信息增益权重的 AP 选择算法。利用该算法优化后的 AP 定位子集合，更利于去掉冗余的 AP，提高定位算法的解算效率和定位精度。

◇ 研究了提取 RSS 信号的有效定位特征的问题。采用特征提取算法提取 RSS 信号的定位特征，有利于去掉 RSS 信号所包含的冗余信息，提高 RSS 信号的可信度。书中针对已有算法只考虑有效提取 RSS 线性特征的问题，提出了一种基于核函数的直接判别分析（KD-LDA）算法，可充分利用 RSS 信号的非线性特征。联合本书提出的聚类和 AP 选择算法，采用学习机器支持向量回归定位模型，使得 1m 内的定位精度置信概率达到 37.1%，最大误差为 4.12m。与传统的定位算法相比，可显著提高系统小误差定位（≤1m）的概率，缩小系统的定位误差范围，优化系统的定位性能。

本书的撰写和出版得到了华东师范大学博士生导师郑正奇教授、国家“千人计划”董大南教授的支持和帮助，在此表示深深的感谢。本书的出版也得到浙江省计算机科学与技术重中之重学科的资助，同时国家自然科学基金项目（61272468、61372086）对本人的科研工作提供了环境及经费的支持，在此表示感谢。

对于书中出现的不妥之处，恳请广大读者批评指正。

作　者

2015 年 5 月

目　录

第1章　引　　言

“我在哪里?”这是一个由古至今人们一直在问的问题。清晨醒来,我知道自己在×××路×××号;工作的时候,我知道自己在浙江师范大学信息大楼308房间……位置信息对于每一个人来说都是非常重要的,在我们的日常生活中不难发现很多这方面的案例:

◇ 下午5点,孩子还没有放学回家,父母会因为不知道孩子在哪里而担心。

◇ 紧急救援时,求救者会被问到他(她)在哪里。

◇ 在旅游地的游客会不停地拿着手机翻看电子地图,确定自己在哪里、该如何到达下一目的地。

……

在互联网普及之前,一个人要到自己不太熟悉的地方购物,需要事先找人反复打听。即使这样,恐怕还要做很多准备工作,例如,找地图、找商场、找路线;翻阅报纸、杂志寻找各种商品信息;关注餐厅的广告,查找附近的餐厅……

但到了信息时代,情况发生了改变。只要连上互联网,输入人们想知道的内容,通过搜索引擎就能解决问题。是什么使人们的任务变得如此轻松了呢?隐藏在琳琅满目的自动化服务背后的是一个共同的信息——位置。因此,充分利用网络资源随时了解“人”或“物”的位置信息,这正在深刻地改变着人们的生产和生活方式,给人们带来极大的便利。

1.1　位置信息服务

位置信息可以说是最重要的信息之一。在军事上,地理因素经常对战局起着关键性的作用;在日常生活中,位置信息也有着重要的作用。位置信息不仅仅是空间信息,具体而言,包括三大因素:所在的地理位置、处在该地理位置的时间、处在该地理位置的对象(人或设备)。也就是说,位置信息承载了“空间”、“时间”、“人物”三大关键信息,其内涵可谓十分丰富。利用这些信息,不仅可以“因地制宜”,提供所在地附近的相关服务,还可以“见机行事”,提供时效性更佳的服务,更可以“因人而异”,提供个性化的定制服务。

位置信息如此重要,如何获取位置信息就理所当然地成为了互联网时代的一个重要研究课题。从20世纪90年代开始，基于位置的服务（location-based services，LBS）逐步进入人们的视线。LBS指通过适当的定位技术获得移动终端的空间物理位置信息，将位置信息提供给用户本人、通信系统或第三方，从而实现与位置有关的各种业务。通过LBS，不仅可以知道移动终端所处的空间或位置，而且能够由终端位置或空间推断出移动用户的可能意图或者需求[1]。随着基于用户位置信息的相关技术的应用和发展，LBS已经成为人们日常工作、生活所必需的一项基本服务需求[2,3]。借助于位置信息需求，定位技术的发展与LBS紧密地联系在一起了。表1-1列出了LBS的主要应用。

表1-1 目前常见的LBS应用

应用范围	案　例
公共安全	美国的紧急救助专线E911 欧洲的E112 美国和加拿大的安珀警戒(amber alerts)
商业安全	员工安全/安全地带监控 企业资产的区域保护 管理者职业道德监控
家庭安全	家庭成员定位 孩子放学后监控 幼儿跟踪，逃学、旷课监控 宠物跟踪 特殊地带跟踪(WiFi定位)
商务职能/流程	现场销售人员管理 现场技术调度，装订工序，工艺路线 车队管理，交接途径，车辆管理 办公室出勤，即时通信 设备探测器，办公室位置探测器
手机游戏	彩弹游戏 “躲猫猫”游戏
社会应用	数据共享 合作探测 城市向导 流动职守 移动钱夹

续表

应用范围	案　例
垂直行业	医药(WiFi定位) 公共铁路 商场百货 货运行业 保险业 建筑业 法律援助 安全服务 零售
教育	敏感位置(WiFi分区) 校园导航 社区联通
遥感	导航助手 距离警报 财产安全跟踪 安全防护

1.2 LBS定位技术的发展

2012年10月初,百度公司正式将地图部门拆分,成立独立的LBS事业部,与百度移动·云事业部一起成为百度移动互联网战略中并行的两个部门。百度董事长兼CEO李彦宏在2012年第三季度财报会议上披露,百度地图用户已经达到7700万,新成立的事业部已经开发了“百度身边”、“百度路况”等一系列LBS的应用。

无独有偶,2012年10月末,淘宝低调推出了本地生活的地图搜索功能,在此模式下,用户可以用地图的模式查看周边优惠和生活服务等相关信息,这表示淘宝在推出“淘宝本地”、“淘宝旅行”和“一淘逛街”等应用之后,又在进一步以地图和位置服务的方式连接本地用户和商户。

2012年8月,大众点评移动客户端的独立用户突破4000万,与2011年同期相比增长400%,移动客户端的流量超过PC端。大众点评网CEO张涛在《商业价值》杂志中谈到,通过LBS和移动互连,在过去近十年时间里积累了广泛本地商户资源的大众点评网,终于初步完成了在移动终端上与用户沟通渠道的打通。

目前，高德地图也已经拥有 7000 余万用户，尤其在苹果公司的 iOS 平台进行深度地图内置之后，高德的用户流量大大增加。高德公司正在不断寻求携程等拥有线下商户内容的合作者，以期用地图为关键衔接点，实现用户与商户的对接。高德公司以 LBS 为契机，从一家专业地图公司转变成向上整合资源、向下直面用户的平台级公司。与移动互联网发展初期简单的基于“签到”和社交的 LBS 战争不同，到了 2014 年，众多原本属于不同领域、核心竞争力也大不相同的公司越来越多地走到了一起，从 LBS 到基于用户的生活服务，正在进行一场链条更加复杂、影响也将更为深远的关键战役。如果说地图代表的是整个世界的位置，那么对每个手持移动终端的个体来说，GPS 让他拥有了随时确定自己位置的能力。而定位自己，最终仍要回到与整个世界的位置匹配中，根据用户的需求去实现。

在我国，武汉大学李德仁院士早在 2002 年就提出开展空间信息与移动通信集成应用的研究，在短短 10 余年过后，LBS 技术的研究与应用在我国得到了迅速的发展。

我国的 LBS 商业应用始于 2001 年中国移动首次开通的移动梦网品牌下的位置服务。2003 年，中国联通也推出了“定位之星”业务。在使用这项服务时，只要在手机上输入出发地和目的地，就可以查到开车路线；用语音导航，可以得到实时提示；能够实现 5～50m 的连续、精确定位，并提供地图下载和导航类的复杂服务。2006 年年初，中国移动在北京、天津、辽宁和湖北 4 个省市进行了“手机地图”业务的试点运行，为广大手机用户提供地图相关的各种位置服务。如今，这些应用几乎已经走进我们每个人的生活之中。

2006 年，互联网地图的出现加速了我国 LBS 产业的发展。众多地图厂商、软件厂商相继开发了一系列在线的 LBS 终端软件产品。此后，伴随着无线技术和硬件设施的完善，LBS 行业在国内迎来一个爆发增长期。艾媒市场咨询研究数据显示，我国 LBS 个人应用市场 2008 年的规模为 3.35 亿元，2009 年突增为 6.44 亿元，2010 年达到 9.98 亿元。到 2013 年，中国 LBS 个人应用市场总体规模突破 70 亿元，五年来的增幅惊人。在 Web 2.0 浪潮的冲击下，国内涌现出了诸多新兴的 LBS 应用提供商，他们专注于基于手机的 LBS 应用开发，利用 LBS 手机软件或 Web 站点向用户提供个性化的 LBS 应用。从目前来看，尽管国内的 LBS 市场不断成熟，但是 LBS 个人应用领域的发展还没有进入理想状态。

可见，移动位置服务拥有着巨大的市场规模和良好的盈利前景，但当前的实际进展仍比较缓慢。随着产业链的完善，移动位置和位置服务的市场将有望进一步壮大。移动位置服务的市场推广和广泛应用的前提之一就是定位精度。定位精度一方面与提供业务的外部环境有关，包括无线电传播环境、基站的密度和地理位置以及定位所用设备，另一方面还要取决于所采用的定位技术。

随着4G网络的普及和流行，我国的LBS市场将会越来越完善，目前国内已经有许多厂商正在研发相关终端产品，结合自身搭建的系统平台，实现对终端的精确定位和历史轨迹查询等功能。可以相信，LBS在中国将会迎来一个广泛应用和推广的爆发期。

1.3 定位技术的新挑战

定位技术的研究已经有数十年的历史，世界上存在着很多成熟的定位系统，定位技术也发展到一个很成熟的阶段，然而物联网的兴起和发展，对定位技术又提出了许多新的挑战。

(1) 物联网环境的两大显著特点就是网络异构和环境多变。接入网络的设备五花八门，而连接的网络更是各具特色，如何让不同的设备在不同的网络下能够进行准确的定位，将成为定位技术研究的一个新挑战。

(2) 物联网环境下的信息安全和隐私保护也是一大课题。科学技术往往是把双刃剑，位置信息的内涵非常丰富，在享受高精度的定位技术的同时，我们也将面临更大的安全风险。高精度的位置信息一旦泄露，若被不法分子推测出人们的各种隐私信息，将会造成非常严重的后果。因此，在物联网时代，在充分利用好位置信息的同时如何保护好用户的个人隐私，也是定位技术研究的一个新课题。

(3) 物联网时代，定位技术需要收集和处理的数据是十分庞大的，而且在实际应用中，采样过程相当复杂，目前对其的理解尚不尽如人意。另外，当数据是通过众包或海量在线获取时，网络采样的困难也是多重的。因此，可采用合适的采样模式来估计所需的量值，以加快定位系统的响应速度而不失统计的准确性。尽管科学数据集通常具有偏斜的分布特性，但并非所有分布都符合高斯或泊松分布，这种情况下，如何进行数据采样是另一个值得研究的课题。

本章小结

本章先由“我在哪里?”启发了人们对位置信息的思考,并通过身边熟悉的案例引出了基于位置服务(LBS)的概念。接着,介绍了 LBS 的主要应用,指出位置信息服务的重要社会地位和实际意义。最后,总结介绍了 LBS 发展的现状以及定位技术所面临的挑战。

第 2 章　位置服务与定位技术

定位是在某一空间中事先测得一组参考点的位置，通过这些已知参考点的位置来估算该空间内未知的移动终端位置的过程。定位系统是为确定或估计某一人或物的位置而设计、开发和部署的系统。一方面，定位是 LBS 应用中一项不可或缺的底层支持技术，基于位置信息的服务已成为 LBS 上下文感知服务里的一个重要组成部分[4-6]，在日常生活、生产以及公共事业和商务应用等许多领域都有着广泛的应用，例如基于位置的无线网络安全和网络管理，医疗和卫生保健，个性化信息传送，会议场馆、商场、机场、酒店和会展中心等的用户导航。另一方面，LBS 对定位技术的实时性、准确性和经济性等方面提出了更高、更具体的要求，反过来推动着定位技术的不断发展[7]。

尽管目前的全球定位系统(global positioning system，GPS)、基于蜂窝移动通信网的终端定位技术、辅助全球卫星定位系统(assisted global positioning system，A-GPS)等已有了广泛的影响和应用，但对于室内定位系统，其应用范围、使用环境和用户体验都发生了新的变化，这使得 LBS 应用背景呈现快速发展的趋势，也使得定位技术尤其在室内定位上面临着全新的挑战。

2.1　定位技术的发展

在 1994 年，美国学者 Schilit 等第一次提出了位置服务的三大目标[8]：你在哪里(获取用户空间物理位置信息)、你和谁在一起(调查用户社会网络关系信息)和你的附近有什么资源(搜索用户环境特征信息)。此后，Reichenbacher 在 2004 年将用户使用 LBS 的服务定义为五类：静止定位(个人位置定位)、运动导航追踪(路径导航)、环境信息查询(查询某个人或对象)、目标识别检测(识别某个人或对象)和特殊事件检查(当出现特殊事件时向相关机构查询个人位置或发送求救信息)[9]。

在我国，2011 年 7 月国家自然科学基金委员会正式发布了《国家自然科学基金“十二五”发展规划》，明确了该五年科学基金事业发展的指导思想、总体思路、发展任务与专题部署、保障政策措施等，其中将“不确定环境下的高性能导航理论与关键技术”作为重点研究内容。在《863 计划“十二五”各领域主题方向》中，“导航与定位技术”也列居其中。在《国家中长期科学和技术发展规划纲要

(2006—2020 年)》中,“全方位精确定位和信息获取技术”作为城市信息平台和国家公共安全应急信息平台等重点研究领域的优先主题。从一系列国家级的科技战略规划部署可以看出,定位与导航技术已成为重点前沿探索课题之一。其中,“复杂环境中低成本、高效率、高精度、无缝导航与定位理论及关键技术”的研究更是成为该领域的重要研究热点,受到人们的广泛关注[10,11]。

此外,随着电子、计算机和通信技术的飞速发展,通信网络给人们的生活和生产带来非常多的便利,同时个人消费对智能化位置信息服务的需求也呈现出快速、大幅增长的趋势[12,13]。在我国,随着对基于位置服务需求的不断增加,正在形成庞大的消费群体和消费市场,但由于受技术和政策等方面的限制,LBS 距离广泛应用还有一定的距离。当前,LBS 和与之相关的位置信息服务正受到相关专业和研究领域的普遍认可和重视[14,15]。

下面先来简单介绍一下国内外比较成熟的一些定位系统。

1. GPS

GPS 是美国开发的一种专门用于军事领域的卫星导航定位系统,开发于 20 世纪 70 年代初,投入使用于 80 年代初[16]。GPS 的地面接收机接收来自 4 个或更多卫星的信号,用测量得到的各信号到达地面的时间差估计移动终端的位置。在大部分室外场合,内置 GPS 模块的移动终端都可实现较高的定位精度,尤其是自 2000 年 5 月 1 日 0 时开始,美国的选择可靠度(selective availability)政策的终止使得民用 GPS 成为可能,其定位精度能够达到 15m 之内。在定位、导航应用方面,GPS 的主要应用对象是飞机、汽车和船舶等。在飞机的航路引导和进场降落,船舶的远洋导航和进港引水,汽车的自主导航、定位,地面车辆的跟踪、城市的智能交通管理等领域,GPS 已经被广泛应用。此外,在公安、医疗和消防的紧急救助、追踪目标和紧急调度等方面也发挥着得天独厚的作用。目前,GPS 以其全球化、高精度、自动化、高效率和全天候的定位服务功能而成为全球范围内影响最大、覆盖范围最广的定位系统[17,18]。

2. Glonass

全球导航卫星系统 Glonass 是 20 世纪 80 年代初苏联开始建设并由俄罗斯于 1995 年投入使用的[19],与 GPS 不同的是,该系统采用了不加密和军民合用的宽泛开放政策,其设计的定位精度为在置信概率达到 95% 的条件下,垂直方向控制在 25m 以内,水平方向控制在 16m 以内。2011 年 1 月 1 日,Glonass 实现了全球的正式运行。据来自俄罗斯联邦太空署信息中心的数据显示,截至

2012 年 10 月 10 日有 24 颗卫星处于正常工作状态、1 颗卫星处于测试中、3 颗卫星处于维修状态、3 颗卫星处于备用状态。随着地面各项设施的进展，预计将在 2015 年年底完全建成 Glonass，其定位和导航误差将达到 1m 左右，就精度而言，该系统将处于全球领先地位（以现有定位系统的定位精度为参考）。

3. Galileo

Galileo（伽利略）计划由欧盟于 2002 年正式启动[20]，旨在开发一套拥有自主产权、比 GPS 定位精度更高的新一代的民用卫星导航系统，使用 27 颗工作卫星、两个地面站和 3 颗备用卫星，最终成为欧洲安全措施和军事的核心组成部分。原计划于 2011 年初正式投入运行，但由于各种危机的出现，加之 2009 年中国“北斗二号”卫星导航系统的横空出世，令 Galileo 系统丧失了技术相对领先的优势，也使得它在市场推广和应用的竞争中处于劣势。

4. 北斗卫星导航系统

北斗卫星导航系统（BeiDou navigation satellite system，BDS）[21]是由我国完全自主建设并独立运行的全球卫星导航系统，于 2003 年开始建造，可与世界上其他卫星导航系统兼容互用。2012 年 12 月 27 日，北斗卫星导航系统正式提供区域卫星导航服务。从 2014 年开始，陆续发射性能更优的北斗导航卫星，计划于 2020 年建成由 30 余颗卫星组成的覆盖全球的北斗全球卫星导航系统，为全球范围内的各类用户提供全天候、全天时、高可靠、高精度的导航、定位和授时服务。由此，中国也成为继美国和俄罗斯之后世界上第三个拥有自主卫星导航系统的国家。北斗卫星导航系统的特色和优势是将短信服务应用于卫星导航试验系统，因此它的建设也与上述三大卫星导航系统存在区别。

5. A-GPS

在开阔的室外环境中，GPS 是当前技术相对成熟、应用范围最广的定位导航系统。但在高楼林立的都市和室内环境，由于地面接收的 GPS 卫星无线电信号太微弱，该信号无法穿透稠密的植被或绝大部分建筑物，而且存在卫星信号的传播被楼宇等建筑物阻隔或将信号分散开去的情况，造成 GPS 无法实现定位。为使 GPS 在高楼林立的城市中那些无法提供精确定位的区域也能正常工作，辅助全球卫星定位系统（assisted global positioning system，A-GPS）[22]和基于蜂窝网的定位系统应运而生，A-GPS 技术是 GPS 定位导航功能与无线蜂窝网的有机融合，基于蜂窝网的定位系统则是依靠用户所处的网络基站，基于小区标识 Cell-ID（小区识别码）技术对终端用户位置进行合理估计，其定位精度往往与小区的大小相关。

上述定位导航技术在开阔室外的定位效果近乎完美，但由于多数室内环境都接收不到 GPS 信号，而蜂窝网定位精度又无法满足用户对室内定位的应用要求，这些定位技术在室内定位方面都显得无能为力[22-24]。目前，室内定位主要采用的技术有红外线、超声波、超宽带（ultra wide band，UWB）、无线射频识别（radio frequency identification，RFID）、惯性导航（inertial navigation，IN）和 WiFi 等。

在室内环境，尤其是人员或物品密集区，为实现定位导航、上下文感知和人或物的实时监控等基于位置信息的服务，获取室内环境中人或物的位置信息的需求就越来越强烈[25,26]。目前，民用领域应用较广的室内定位技术大多是基于无线传感网络的[27,28]，这种定位方式需要在目标区域部署大量的专用传感器，其优点是在特定范围内能达到误差在 1m 以内的定位精度，缺点是这类系统需要在服务器端和用户端安装特定设备，成本高、系统复杂，而且定位覆盖范围受传感器部署方式的限制，定位精度也依赖于所部署的传感器的数量和型号，推广受限。

2.2 无线局域网与室内定位

1997 年 6 月，IEEE 正式发布针对无线局域网的 802.11 标准，随后的时间里对 IEEE 802.11 标准进行了进一步的完善和修订，WLAN 也实现了全球的快速部署和普及。WLAN 的传输速率范围为 6～54Mbit/s，可满足室内、室外信息传输对速率的要求，另外，其较低的硬件成本和易于安装部署的特点，切合了网络社会人们对移动办公、娱乐和生活的个性化需求，因此受到各种运营商和个人的广泛青睐，成为室内环境，特别是人们活动的热点区域（如机场、商场、校园、图书馆、写字楼、医院、酒店和家庭等）的主要应用，促进了全球 WLAN 消费产业链的快速发展[29-31]。

无线宽带联盟的调查数据显示：截至 2011 年年底，全球部署的私有和公共 WLAN 热点数量分别为 3.45 亿和 130 万，预计到 2015 年年底，这一数据将分别达到 6.46 亿和 580 万。

WLAN 热点大部分部署在室内，尤其是人员活动的密集区域，如研究机构、机场、医院、写字楼、校园、餐厅、酒店、老人院和家庭等，用户只要手持具有无线功能的便携式移动终端，就可随时随地接入网络来获取有用的位置信息。一方面，这给基于位置的服务提供了广阔的应用空间，另一方面，也对信息的有效性和有用性提出更高的要求[32,33]。用户在获取位置导航信息，享受 WLAN 提供的快捷、方便的服务的同时,也极大程度地促进了WLAN信息服务产业的发展[34,35]。

WLAN定位是基于现有公共网络基础设施和移动终端发展起来的一种定位技术[36-38],可实时提供室内位置信息,主要采用基于位置指纹的距离匹配算法[39,40],简单地说就是利用来自各个接入点(access point,AP)的接收信号强度(received signal strength,RSS)与空间物理位置的关联性进行位置估算[41,42]。基于位置指纹和WLAN技术的室内定位系统,只需借助于公共网络设施,不用额外增加任何硬件设施,通过纯软件的方式即可实现定位功能。因其具有技术成本低、定位精度高、实时性好、环境适应性强等优点,WLAN定位已经成为目前室内定位导航技术的首选技术[43-46]。

基于IEEE 802.11通信协议的WLAN,架构灵活,广泛分布在各种日常工作、生活应用场景中,如机场、停车场、医院、校园、商业区、住宅小区、餐饮和娱乐场所等。随着具有无线功能的笔记本电脑、各种智能手机等智能终端设备的广泛应用,基于WLAN的室内定位技术的低成本、广覆盖、高精度等应用优势更加明显[47-50]。基于RSS的定位技术是WLAN定位技术中的主要研究内容和应用方向,与基于信号到达角度(angle of arrival,AOA)和基于信号到达时间(time of arrival,TOA)等传统几何原理的WLAN定位技术相比[51-59],该技术可充分利用目前广泛覆盖和应用的WLAN基础设施,方便、快捷、高效地将较高质量的定位应用范围拓展到室内场所以及密集城区,无需额外添加用于时间、角度的精确同步和测量的专门硬件设备,可进一步降低部署成本[60]。

以IEEE 802.11通信协议为支持的WLAN,是无线通信技术与计算机网络技术相结合,将无线媒介作为传输信道的通信网络。传输介质采用无线多址信道,具有传统的有线通信局域网功能,用户能够真正地实现在任何时间、任何地点、任意地接入宽带网络。在WLAN高效而灵活的覆盖下,基于WLAN的用户凭借如智能手机、具有无线功能的笔记本电脑、PDA等可移动的轻量级终端设备,可获得比以往更高质量的互联网接入。另外,WLAN定位系统所测量的无线RSS受到来自障碍物的影响相对较小,能够满足室内、密集城区等环境中定位技术对RSS的要求。因此,在密集城区或室内环境下,基于WLAN的定位技术具有明显的优势[45-46,61]。

尽管基于位置指纹的WLAN室内定位技术因其在成本、精度、系统复杂度以及环境适应性方面的优势,成为目前室内定位系统的首选技术并被广泛应用,但事实上,该技术仍然存在着很多需要解决的关键问题。该方法需要先利用不同参考点处采集的一组组RSS值来映射到一个特定的实际物理环境中,构建出与真实的物理环境相对应的RSS信号无线地图(radio map,RM)。然后通过实时测量来自不同 AP 的 RSS 值，与 RM 进行匹配，最终实现用户位置的估计[61-62]。然而，当前大型复杂建筑物的数量持续快速增长，室内环境变得越来越复杂，无线电波的传播受多径效应、邻频干扰、人体吸收等诸多因素的影响而呈现出更大的多变性和不稳定性，这些都在严重影响着定位的准确性。

本书就是围绕在不增加定位成本的前提下提高定位精度和定位实时性等的关键技术进行阐述。

2.3 LBS 的发展及应用

2.3.1 LBS 的发展

美国 Strategy Analytics 公司的研究表明，人们有 80%～90%的时间都在室内活动，而与工作生活紧密相关的通信也有 70%～80%来自室内。另外，至 2012 年第三季度，全球拥有智能手机的用户数已经达到 10.4 亿。可见，当前存在着巨大的室内位置消息需求，这将推动 LBS 的应用并使其拥有巨大的市场空间和广阔的发展前景。

简单地说，LBS 就是服务提供商根据处于移动状态的客户的地理位置数据而为客户提供的各种与位置信息有关的服务，其主要特点就是位置相关性。LBS 系统主要由定位系统、移动服务中心、通信网络以及移动智能终端组成，如图 2-1 所示。LBS 系统的主要工作流程如图 2-2 所示。

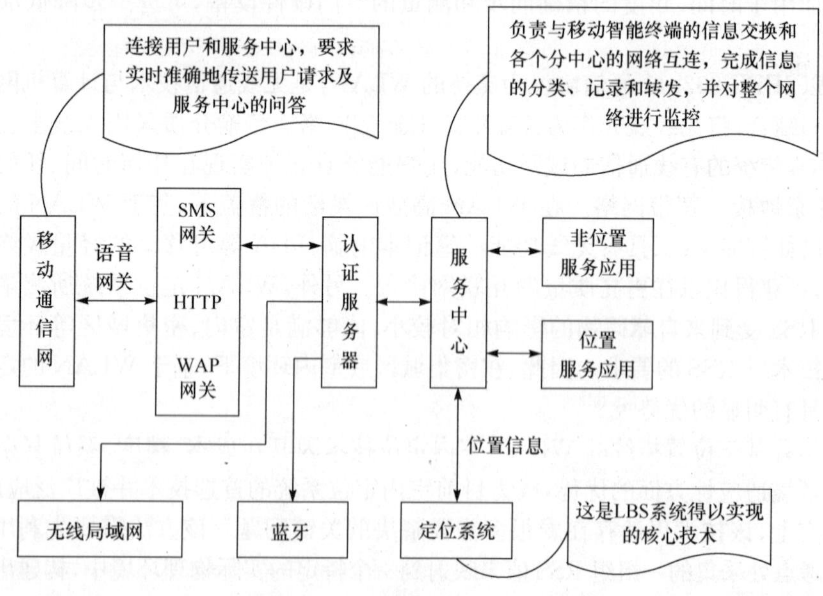

图 2-1 LBS 系统的组成

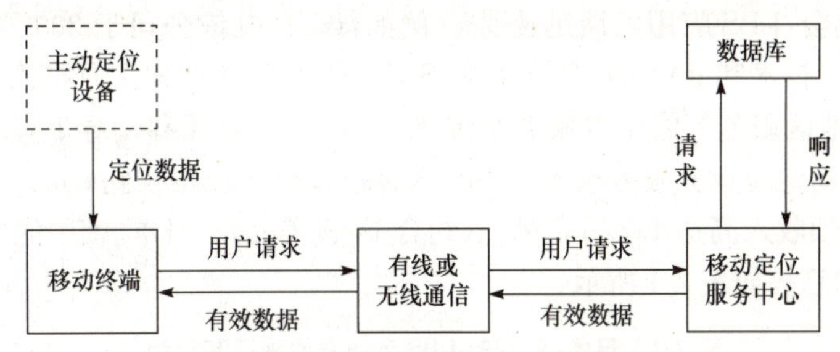

图 2-2　LBS 系统的主要工作流程

有关 LBS 应用的推广，最早引起广泛关注的当属美国联邦通信委员会(federal communications commission，FCC)于 1996 年 6 月正式颁布的 E-911(enhanced 911)法令[63-65]。在美国，用手机拨打 911 求救电话的比例大约为 30%，并且这一比例还在增加。为快速而准确地解决紧急救援、社会治安等突发性事件，E-911 法令要求移动通信网在 2001 年 10 月 1 日前，必须实现对紧急呼叫移动用户能够提供 125m 内的定位精度服务，且满足这一精度的置信概率要大于等于 67%，并于 2001 年之后可以提供更高精度的定位和三维的位置信息服务[66,67]。1999 年，根据不同的定位类型，FCC 又提出了更明确的定位精度规定，若采用蜂窝移动通信网技术进行定位，要求在终端通信设备不动的情况下，定位精度在 100m 以内的置信概率不小于 67%，定位精度在 300m 以内的概率不小于 95%；若基于移动终端技术进行定位，要求定位精度达到 50m 以内的概率不小于 67%，定位精度在 150m 以内的概率不小于 95%。另外，无线服务提供商被要求每年都要向 FCC 汇报定位精度提高方面的情况[68,69]。此外，2002 年欧洲地区也颁布了类似法令，称为 E-112 法令。该法令以蜂窝(Cell-ID)技术为主，采取由用户自行选择定位技术、以终端提供商为主导的商业模式方案[70]。在无线蜂窝网中，手机服务提供商利用基站上接收到的手机信号去估计移动用户的位置，也就是说所有这些定位技术都将由手机服务提供商负责。

之后，日本、韩国等国家的相关组织和机构也制定了许多类似的规定，并且在很多方面达成了共识。在日本，2000 年开始推出 LBS 应用，手机厂商与运营商以及平台提供商、应用开发商等相关第三方密切合作，服务业务内容丰富，已有的服务项目多达 120 种之多，并且用户数量超过了 100 万。目前，日本已经成为全球移动定位业务发展最好、最快的国家之一，截至 2008 年，其移动定位业务收入就已经达到 35 亿美元。在韩国，由于其 CDMA 通信网络发达，移动数据业务蓬勃发展，在政府的大力支持下，通过了隐私权保护法令，成立了相关的定位服务行业协会，LBS应用发展迅速[71]。例如，KTF电信公司于2002年1月推出的CDMA技术和gpsOne定位系统，SKT公司于2002年7月推出的提供地图、引路和地区服务等的位置服务系统等。2005年，韩国移动导航业务增长超过50%，移动定位业务服务收入为5655亿韩元，2006年增长到8503亿韩元，到2008年，该项收入高达1.7万亿韩元(约合14亿美元)。日本、韩国的LBS市场发展状况和趋势如表2-1所示。

表2-1 日本、韩国的LBS市场发展现况和趋势

国家 内容	日本	韩国
定位技术	PDC系统：Cell-ID CDMA系统：A-GPS	CDMA系统：A-GPS(2000年开始引入)
LBS类型	NTT DoCoMo：紧急救援、地方资讯、追踪保全、导航应用、休闲娱乐、企业应用 KDDI：紧急救援、地方资讯、追踪保全、导航应用、休闲娱乐、企业应用 Vodafone：地方资讯、追踪保全、导航应用、休闲娱乐	SKT：紧急救援、地方资讯、追踪保全、休闲娱乐、企业应用 KTF：紧急救援、地方资讯、追踪保全、导航应用 LGT：紧急救援、地方资讯、追踪保全、休闲娱乐
支持终端	大多数手机内置A-GPS芯片，如KDDI有70%以上的手机含有A-GPS芯片	多数手机内置A-GPS芯片
法令	规定自2007年4月以后上市的手机均需具备GPS功能	信息部通过法令，指定并成立定位服务行业协会

美国作为最早通过法令促进移动定位服务发展的国家，运营商为了配合法令的执行，必须预先投入大量的资金更新网络系统设备以适应美国种类繁多的移动通信网络系统，也因此顾此失彼，忽视了LBS应用服务的开发，自2006年才开始大量推广LBS的应用服务，将服务锁定在家庭安全与导航等应用领域。欧洲地区的国家则投资保守，以Cell-ID技术为主，LBS从业者主要着眼于投资回报率的考虑。当前，以Cell-ID/TDOA技术为基础，服务内容局限于交通路况的指引、找寻特定地点、气象信息等地方性信息服务，高精度移动定位业务开展得并不理想。

在中国，LBS应用尚未普及，但随着用户位置信息的相关技术和应用的快速发展，位置服务必将成为人们日常工作、生活所必需的一项基本服务需求[72-75]，这也给LBS应用带来巨大的商机。

2.3.2 LBS的应用

LBS主要应用于如下几个方面。

◇ 基于位置的通知服务。当订购特定服务的用户进入服务区域时,信息中心将通过发送多媒体短信或者文本短信的方式,告知用户所处服务区域中的相关最新信息。典型应用有旅游导游、商业促销、娱乐导航和公共安全等。

◇ 位置信息查询。为订购该服务的用户提供位置信息的查询功能,在服务区内,无论处于什么位置,用户都可以通过随身携带的无线移动终端查询需要的位置信息。典型应用有查询最近一班公交车时刻、查找附近的朋友等。

◇ 位置跟踪服务。系统根据用户需求自动查询目标车辆、设备携带者等所处的位置,可方便地得到目标位置。典型应用有查找走失的老人、痴呆病人和小孩,跟踪路面车辆等。

◇ 基于位置的游戏。能提供某些根据用户实际位置进行的游戏。

根据用户定位测量或实体的不同,LBS技术的实现主要有三种方法。

1. 网络独立定位

采用网络独立定位模式,通常有如下几种方法。

(1) 通过移动台所处的小区标识Cell-ID来估计用户位置,起源于蜂窝小区定位技术。

(2) 信号到达时间(TOA)定位技术,通过测量移动台端发送的信号抵达消息接收位置(3个或多个基站)的时间进行位置估算。

(3) 信号到达角度(AOA)定位技术,基于信号的到达角度来确定用户与基站之间的角度,只需测量出一个用户距两个基站的信号到达角度,就可以估计出用户的位置。

(4) 基于无线信号抵达两个基站之间的时间差来确定移动用户位置,称为到达时间差(time difference of arrival,TDOA)定位技术。此技术对时间同步的要求有所降低。

(5) 增强观测时间差(enhanced-observed time difference,E-OTD)定位技术,利用具有无线功能的手机对服务小区的基站和周围邻近的几个基站进行测量,计算出测量数据之间的时间差,并以此推算出用户相对于基站的物理位置。此类定位精度普遍较低,只适合对精度要求不高的位置服务。

2. 移动终端独立定位

通过在移动终端加载 GPS 接收机模块来接收 GPS 信号并进行计算,确定移动台的位置信息,并将结果报送给移动网络。该方法适合于空旷的室外环境下的位置服务。

3. 联合定位

这是一种将无线网络与移动终端相结合的定位方法,如 A-GPS 等。该方法适合用于建筑群密集的室外定位的位置服务。

对于室外的许多应用来说,将定位精度控制在 50m 内足以满足要求。但在室内,对定位精度的要求要远远高于室外环境,用户通常期望将定位精度控制在若干米以内甚至更小的范围,这是 GPS、A-GPS 以及无线移动蜂窝网定位所做不到的。基于上述系统在室内定位精度方面的局限性,开发经济有效的 WLAN 室内定位系统,是全面推动 LBS 应用的首要任务[76,77]。

2.4 基于 WLAN 的室内定位技术

在已有的 WLAN 室内定位技术中,基于无线传感网络的定位技术受到较多的关注。通常情况下,无线传感网络定位需要事先在目标区域部署大量的专用传感器,通过感知携带专用信号收发器的物体进行定位。但是,这类系统需要在定位服务器端和用户端配备专用的硬件设备,成本高;定位能力受限于无线传感网络的覆盖范围,且容易受到复杂室内环境和非视距传播的影响;定位能力与覆盖地区部署的传感器数量和类型有关,不同的传感网络其定位精度差异较大。表 2-2 列出了当前典型的一些室内定位技术及其特点。

表 2-2 典型的室内定位技术比较

室内定位技术	定位原理	定位精度	优 点	缺 点
RFID	射频方式,基于信号到达时间差,采用几何算法对三维空间进行定位	平均定位误差为 2～3m	非视距,体积小,成本低	系统复杂,距离短且不易整合到其他系统

续表

室内定位技术	定位原理	定位精度	优　点	缺　点
超声波	属于反射式测距法，根据回波与发射波的时间差采用几何测量法进行三角定位	最高可达亚米级定位精度	系统结构简单，定位精度高	需要专门硬件，成本高，受非视距和多径传播影响较大
超宽带	发送和接收纳秒级及以下带宽的窄脉冲信号，通过信号到达时间差进行定位	最高可达亚米级定位精度	低功耗，穿透力强，抗多径效果好，系统安全性高，复杂度低	成本高，存在很多有待研究的问题，技术不成熟
蓝牙	基础网络连接模式，通过测量无线信号强度进行定位	定位精度可达房间级	功耗低，体积小，易于集成，非视距传播	传播距离短，价格昂贵，系统稳定性较差
红外线	通过光学传感器进行定位	最高可达毫米级定位精度	定位精度高，红外线发射器便于携带，系统架构简单，安装方便	直线视距传播，造价高，易受荧光或房间灯干扰
A-GPS	利用大量相关延迟器进行并行搜索，同时延长每个延迟码的等待时间，以提高系统接收灵敏度	定位精度在数十米到数百米	卫星网络覆盖范围广，定位卫星信号免费，定位速度比GPS快	定位信号较弱，难以穿透建筑物，终端成本较高
Zigbee	通过数千个微小传感器相互协调通信实现定位	平均定位误差在 3～5m	低功耗，低成本，高保密性且通信效率高	距离短，难以推广
视觉	通过处理视觉图像信息，感知用户位置和姿态信息	平均定位误差在几米	用户无需携带任何定位设备，即可感知用户姿态信息	在动态环境中系统性能不稳定，计算复杂度高

续表

室内定位技术	定位原理	定位精度	优　点	缺　点
WLAN	利用RSS进行定位	平均定位误差在1～3m	无需额外定位设备，免费频段	信号强度的位置分辨能力有限，较大邻频干扰

1. 常用的室内定位技术

基于WLAN的室内定位技术主要有GPS定位、基于SS(signal strength)定位、基于TOA/TDOA/AOA或RSS的三角定位等，而基于SS定位技术的主要方法又有基于信号传播模型和SS指纹定位。

在密集城区和室内环境里，各种诸如高楼等的障碍物极易阻挡卫星信号，GPS终端设备难以捕获、接收GPS信号，因此也无法保证接收的来自卫星的导航电文的完整性，定位效果较差。车辆、城市建筑等物体易对无线卫星信号造成反射，产生多径效应，从而导致接收天线同时接收到多路信号，增加接收端筛选有效信息的难度，很难进行精确的测量和准确的计算。而无线局域网用户所使用的移动终端设备质量轻，无线局域网络覆盖灵活，用户可以随时随地接入网络。另外，无线信号强度受障碍物的影响相对于GPS信号要小，能够满足室内、建筑物等密集城区等环境中对信号强度的要求。

WLAN室内定位可以基于TOA/TDOA、AOA、RSS等三角测量技术。与蜂窝网络环境不同的是，在WLAN定位系统中很难实现设备间的同步，从而很难利用TDOA技术来估计距离以实现定位。如果采用TOA技术来估计距离，则会受限于较短的用户之间的距离。所以，要采用精确的TDOA或者TOA技术估计距离，必须借助先进的同步技术或设备[78,79]，其成本非常高昂。另外，受人体、墙壁等障碍物的影响，无线信号的传播存在大量的反射、散射现象，接收机接收到的信号是多个传播路径(包括非视距传播)上信号的叠加。不同路径信号的幅度、相位以及到达的时间和入射的角度各不相同，使接收的信号存在严重的幅度失真和相位失真，所以，AOA技术也不适于进行无线室内定位[80,81]。

2. 基本的定位方法

在定位领域，最基本的定位方法通常应用近似感知、三角测量以及场景分析三种原理[82-88]。具体到WLAN环境下，这三种定位方法分别描述为最强基站法、传播模型法和位置指纹法。

(1) 最强基站法。这是最简单的定位方法。最强基站法的基本原理是找到无线终端进行数据通信时所利用的 AP，将其位置近似地视为该无线通信终端的定位位置。该方法不能实现精确定位，它的定位精度极大程度上受限于 AP 的覆盖范围。

(2) 传播模型法。该方法的定位思想是根据 RSS 与传播距离在物理空间表现出的变化规律，利用三角测量等计算方法得出用户终端与无线局域网的 AP 之间的物理距离，确定移动终端的位置。此方法可扩展性较差，不适合室内 WLAN 环境。

(3) 位置指纹法。指纹定位技术是基于场景分析的原理，利用 AP 覆盖范围内信号强度变化的分布情况，在指纹数据库中实现采集信号指纹与实测信号之间的匹配，通过匹配相似度来估算终端用户的位置[89,90]。WLAN 环境中基于 RSS 的定位系统的架构和原理可以通过图 2-3 来简单呈现。

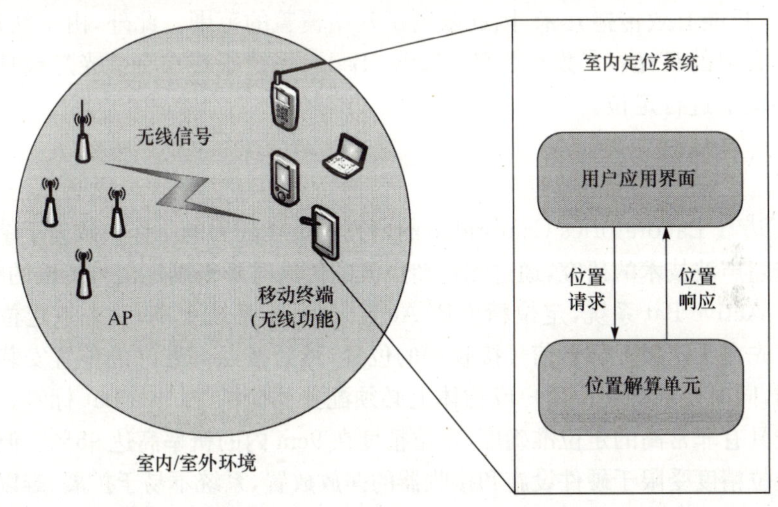

图 2-3　WLAN 环境中基于 RSS 的定位系统架构和原理

WLAN 中基于 RSS 的定位技术得到了广泛的研究和应用，它的定位基础是无线信号的监听和扫描结果。移动终端网卡通过主动扫描或者被动监听该用户终端接收范围内来自 WLAN 各信道上的 AP 信号，按照 IEEE 802.11 协议规定，通过辨识接收到的数据帧的 MAC 地址以及 SSID(service set identifier)来识别 AP，并收集记录其相应的数据，如 AP 的 RSS 值、AP 是否加密等。相对来说，基于 RSS 位置指纹的定位方法，在系统的经济性、有效性及定位准确性方面具有较大优势。其缺点是越来越复杂的室内环境对 RSS 产生变化多端的影响，使得 RSS 值具有较强的动态性和随机性[91-94]。

2.5 典型的室内定位系统

2.5.1 早期的室内定位系统

从 20 世纪 90 年代开始，国内外众多商家、研究所和高校开始了室内定位与导航技术的研究[40,95-96]，先后出现了一些专门的室内定位系统。

1. Active Badge

Active Badge[97-99]系统被认为是第一个室内的标记感测(badge sensing)原型系统。它采用扩散红外线技术，由 Olivetti 研究实验室(1999 年 1 月，AT&T 公司购买了该实验室，并将其重新命名为 AT&T Laboratories Cambridge)的 Roy Want 等开发，定位精度约为房间大小。扩散红外线具有较差的穿透性，只能有效传播几米，因此限制了基站覆盖的范围。此外，由于红外光、荧光和直射的日光容易发生混淆，Active Badge 系统很难在有荧光灯或日光照射的环境下进行定位。

2. Active Bat

AT&T Laboratories Cambridge 的研究人员在随后的工作中致力于结合无线电与超声波技术的研究，通过测量超声波的传播时延来确定信号传输的距离，开发了 Active Bat 系统，定位精度比 Active Badge 系统更高[100]。该定位系统需要事先在天花板上部署信号接收器的位置，然后按照部署好的位置安装信号接收器，同时要求被定位用户或物体上必须配置相应的 Active Bat 标签。该定位系统具有非常高的定位准确度，定位精度在 9cm 内的概率高达 95%。但该方法的定位精度受限于硬件设施和接收器的摆放放置，系统不易于扩展、难以部署且成本高。

3. Cricket

Cricket[101]系统实际上是 Active Bat 定位系统的改进，属于一种分布式的定位系统。Cricket 系统能够为移动用户终端提供包括位置标识符、空间坐标和方向等的多层次位置信息，它在隐私信息保护方面做得较好。其不足之处在于移动接收端需要承担计算任务，从而增加了能耗。

4. SpotON

SpotON[102]系统是一种点对点的定位系统，采用 RFID 技术，通过测量信号强度衰减情况来计算信号传播的距离。它将定位思想与点对点的网络通信结合在一起，在定位目标上安装一个 RFID 标签，根据估算各个标签之间的距离给出定位目标之间的相对位置。因此，SpotON 系统是一种可提供绝对位置和相对位置的定位系统。鉴于这一特性，该系统还可以通过增加参与者数量来提高系统的定位精度。

5. Easy Living

利用计算机视觉技术来估计用户的位置是许多研究团体一直都在探索的问题，美国微软研究院开发的 Easy Living[103]系统就是使用该技术的一个典型案例。Easy Living 定位系统中采用彩色实时三维照相机 Digiclops，可以提供室内环境中的立体视觉的定位功能。由于受封闭动作、复杂场景等的影响，视觉定位系统的分析准确度有限。另外，此类系统较依赖于硬件设备的处理能力，而到处充满照相机的室内环境也容易使人产生不安全感，这些都使得基于计算机视觉技术的室内定位系统在许多领域中的扩展或应用受到限制。

6. Smart Floor

Smart Floor[104]定位系统是 Georgia Tech 公司开发的一种直接体接触系统，需要事先将压力传感器嵌入在地板上，工作的时候启动压力传感器去捕获地板上人的脚步信息，利用传感器接收的数据进行步行者的识别或位置跟踪。虽然它不需要用户携带特定的设备或电子标签，但由于使用 Smart Floor 定位系统的室内环境中需要在地板上部署压力传感器网络，因此该系统需要较高的追加成本，不利于扩展。

2.5.2　基于 WLAN 位置指纹的室内定位系统

早期的室内定位技术为室内定位系统的开发提供了良好的基础。多种感测信号被应用于各种室内定位系统中，如视频图像、无线电和红外线等，不同的定位方法也被研究者所采用，如近似法、几何法等。这些定位系统在定位精度等方面取得了一定的成果，但整体上仍然存在许多有待改进和解决的问题，例如，这些系统都受限于定位系统的硬件设备，需要特定的定位设施，使得系统定位开销大、成本高、可扩展性较差；超声波、红外线等感测技术无法穿透地板、墙壁等障碍物进行远距离传输，从而限制了定位范围。

与传统基于信号到达角度和到达时间的定位方法相比，基于 WLAN 位置指纹的室内定位系统利用 RSS 与空间物理位置的映射关系来进行定位，无需额外增加用于时间同步或角度测量的专门硬件，充分利用现有的公共网络基础设施，做到定位系统成本的最低化。国际上的很多大型科研机构和高校都在积极地进行这方面的研究，如 Google 公司、Nokia 公司、Intel 公司、IBM 公司和麻省理工大学等，国内的一些军事科研机构和高校（浙江大学、上海交通大学、国防科技大学、复旦大学、北京大学、北京航空航天大学和武汉大学）等[40,105-111]也在进行相关的研究。

基于无线电信号的采集与处理，位置指纹法的处理过程分为离线数据采集阶段和在线位置解算阶段。离线阶段采集来自各个可见 AP 上的 RSS 信号，并将 RSS 值存储为样本，建立无线地图；在线阶段将用户终端实时的 RSS 值与 MP 进行匹配，得到位置信息。详细介绍见 3.2.1 节。位置指纹法的指纹数据库（即无线地图）是基于事先设置好的参考点来采集 RSS 样本而建立起来的，因此较几何测量法具有明显高的定位精度。早期典型的基于指纹的 WLAN 室内定位系统有如下几种[112]：

◇ RADAR 系统[113]。2000 年，美国微软研究院首次开发了基于 WLAN 的室内定位系统，并将其命名为 RADAR。该系统将 RSS 值作为定位特征参数。在空旷的室内环境，系统定位精度可达 2～5m，但在复杂的室内环境，定位精度并不理想[32]。

◇ Nibble 系统[61]。2001 年，美国加利福尼亚大学洛杉矶分校开发了一种室内 WLAN 定位系统，将其命名为 Nibble。该系统采用概率统计模型，将信噪比（signal to noise radio，SNR）作为信号特征参数来构建指纹数据库，在 MP 中保存的是 SNR 的直方图而非均值。该系统可满足房间大小区域的定位精度需求。

◇ Horus 系统[75,114-115]。2002 年，美国马里兰大学计算机系的 Youssef 等开发了另一种基于 WLAN 的室内定位系统，将其命名为 Horus。该系统采用概率统计模型，在 MP 中存储拟合的 RSS 高斯分布，并首次提出聚类分块的概念。与其他系统相比，既降低了系统计算的复杂度，也提高了定位精度。

在算法上，Battiti 等[116]在 2002 年提出将人工神经网络算法用于定位技术，学习信号强度和物理位置的内在规律，但复杂的样本和网络结构对神经网络造成较大的影响，易使该算法出现“过学习”或低泛化能力。2005 年，Brunato 和 Wu 等[34,117]将支持向量回归（support vector regression，SVR）学习算法用于定位技术，由于该方法具有更好的学习泛化性，因而取得了比神经网络算法更好的效果。2007 年，Kushki 等[118]提出将核函数法用于实时样本与指纹地图的匹配检验，可提高定位精度和定位实时性。国内关于 WLAN 位置指纹室内定位的研究也较多，已经积累了很多可借鉴的成果，但随着应用环境的快速变化，仍然有许多新问题有待深入研究。

本章小结

本章介绍了 LBS 和定位技术的发展及现状，对现有的基于 WLAN 的室内定位技术进行了较全面的归纳和总结，详细介绍了各种典型的室内定位技术和室内定位系统，并讨论了各种技术的优势与不足。

第3章 位置指纹和WLAN定位理论

3.1 WLAN室内定位技术

3.1.1 WLAN基本工作原理

近年来,充分利用网络资源,用户只要手持具有无线功能的便携式移动终端,就可随时随地获取有用的位置信息,这给人们的生活和社会生产带来了极大的便利,同时也正在改变着人们的生活方式。因此,为了实现定位导航、实时监控等基于位置的服务(LBS),获取室内环境"人"或"物"的位置信息成为人们越来越强烈的需求。据eMarketer的资料显示,2014年全球智能手机用户数量约为16.4亿,中国智能手机用户首次达到5.19亿,大约占全球智能手机用户数量的30%,预计到2018年,全球智能手机用户的数量达到25.6亿,而中国智能手机用户的数量将超过7亿。这些实实在在的数据再一次告诉我们一个事实:基于位置信息的服务应用将迎来前所未有的机遇。

自2000年8月IEEE 802.11标准获得进一步完善和修订以来,无线局域网实现了全球性的快速部署和普及。WLAN是一种通过无线方式实现高速宽带上网的业务,不能全区覆盖,仅在部分热点区域可以使用。WLAN有两种工作模式[119],即基础架构模式(infrastructure model)和点对点工作模式(ad-hoc model)。

1. 基础架构模式

基础架构模式是通过接入点(AP)互相连接进行通信的,这里AP的作用与传统局域网中的集线器(hub)类似。该模式具有较好的网络覆盖和容量,通信可靠性较高,因此应用也最为广泛。

2. 点对点工作模式

在该模式下,通过将需要互相通信的一组无线网卡的服务集标识(service set identifier,SSID)设为同一个值来构成一种特殊的无线网络应用模式,不利用AP、只需几台装有无线网卡的计算机就可以实现网络互连、资源共享的目的。

图3-1显示了基础架构模式的WLAN结构,这也是本书采用的网络工

作模式。基本服务集(basic service set,BBS)是一个由 AP 形成的信号覆盖区域,多个 AP 经由骨干网连接在一起;分布系统(distribution system,DS)起到骨干网的作用,骨干网可以是有线网络或无线网,负责连接多个 AP;扩展服务集(extended service set,ESS)由 DS、AP 及其 BBS 组成,即一个 802 标准的无线网络。

WLAN 所需要的硬件主要包括如下部分:

◇ 无线网卡。无线网卡是用户与无线局域网连接的桥梁,帮助用户实现在无线局域网内的通信。

◇ 无线 AP。无线 AP 分为单纯型 AP 和扩展型 AP 两种。单纯型 AP 相当于传统的无线集线器,无路由功能;扩展型 AP 可实现短距离范围内的互连,扩展有线网络的覆盖范围。

◇ 无线天线。用户终端借助无线天线可增强接收或发送的信号,实现信号的远距离传输。

◇ 客户终端设备(customer premise equipment,CPE)。CPE 是一种新型的、低成本的无线终端接入设备,可取代无线路由、无线 AP 和无线网卡接收 WiFi 信号,节省部署有线网络所需的费用。目前,在各住宅小区、工厂、校园和医院等被广泛应用。

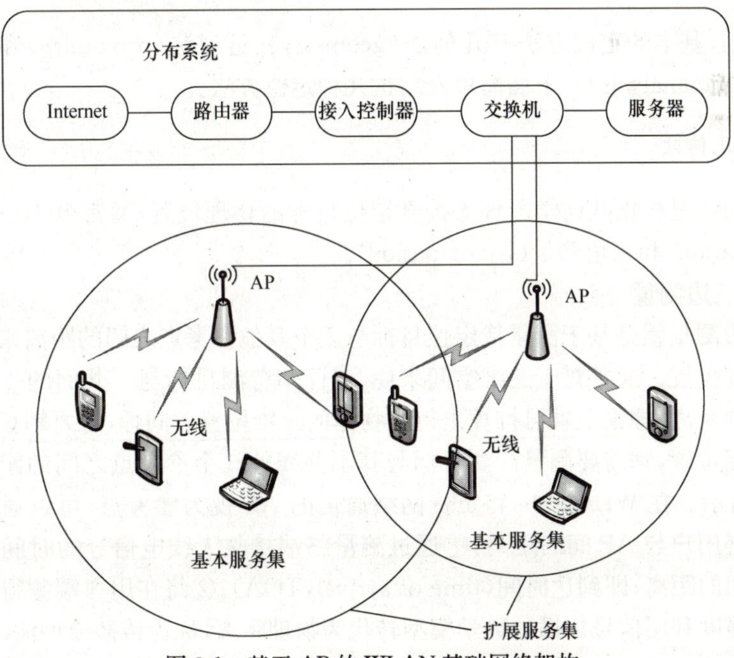

图 3-1　基于 AP 的 WLAN 基础网络架构

IEEE 802n 标准已经于 2009 年冻结，在目前的 WLAN 标准下，WLAN 工作在 2.4GHz 和 5GHz 双频带，同时可以向下兼容 802.11a/b/g，主流标准包括：

◇ IEEE 802.11，1997 年，原始标准（2Mbit/s，工作在 2.4GHz）。

◇ IEEE 802.11a，1999 年，物理层补充（54Mbit/s，工作在 5GHz）。

◇ IEEE 802.11b，1999 年，物理层补充（11Mbit/s，工作在 2.4GHz）。

◇ IEEE 802.11c，符合 802.1d 的媒体接入控制层桥接（MAC layer bridging）。

◇ IEEE 802.11d，根据各个国家对无线电的规定所做出的调整。

◇ IEEE 802.11e，对服务等级（quality of service，QS）的支持。

◇ IEEE 802.11f，基站的互连性（interoperability）。

◇ IEEE 802.11g，物理层的补充（54Mbit/s，工作在 2.4GHz）。

◇ IEEE 802.11h，对无线覆盖半径的调整，室内和室外信道（5GHz 频段）。

◇ IEEE 802.11i，安全和认证（authentification）方面的补充。

◇ IEEE 802.11n，可以将 WLAN 的传输速率由 802.11a 及 802.11g 提供的 54Mbit/s，提高到 300Mbit/s 甚至 600Mbit/s。

3.1.2 基本定位方法

目前，基本的定位方法有几何法（geometry）、近似法（proximity）和场景分析法（scene analysis）。下面简单介绍这几种定位方法。

1. 几何法

几何法是根据几何学原理去推算定位目标的物理位置，通常分为三边测量（trilateration）和三角测量（triangulation）。

1）三边测量

三边测量就是基于测量待定位目标与多个其他参考点之间的距离来推算自身的物理位置。通常对于三维空间来说，若已知待测目标与不共面的 4 个参考点之间的距离，理论上就可推算出待测物体的三维位置。同理，若要解算物体的二维空间位置，则需要测量待测目标与其不共线的 3 个参考点之间的距离。如图 3-2 所示。在 WLAN 中，将负责网络通信的 AP 视为参考点，可以通过两种方法测得用户与 AP 间的距离：①通过测量终端接收无线电信号的时间来估算两者之间的距离，即到达时间（time of arrival，TOA）；②将在用户端测得的无线电信号强度利用信号传播的数学模型转化为物理距离，称为传播模型法。

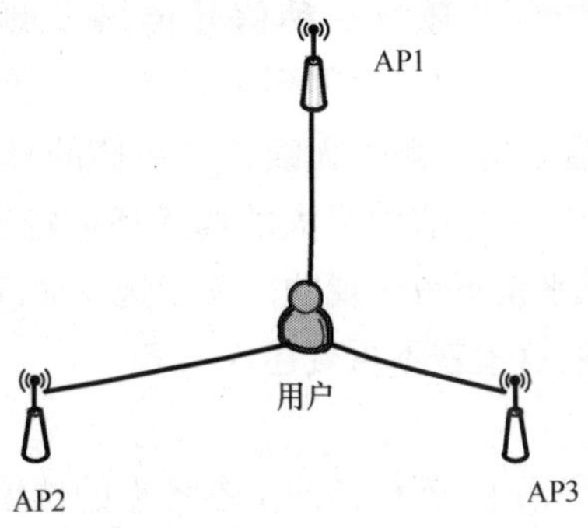

图 3-2　三边测量法

TOA 定位算法要求非常精准的时钟同步，因为 1μs 的时间误差将导致约 300m 的距离误差。另外，基于时间的测量还有到达时间差（time difference of arrival，TDOA）定位算法，它虽然可以降低时间的同步，但需要用户配备测量时间的硬件，定位成本高。因此，这两种算法并不适合在 WLAN 定位中应用[120,121]。

传播模型法根据信号的传播模型将接收信号强度转换为物理距离，只需相应的软件接收和测量信号强度，不需要配备专门的硬件。一般来说，用户感测到的信号强度随着与接入点距离的变化而变化，距离近则强度大，反之强度小。但由于室内环境相对复杂，信号传播存在多径现象，因此传播模型也变得更加复杂。文献[122]根据信号传播模型的产生方式，将传播模型分为统计传播模型和确定性信号传播模型。前者来自于实际测量的信号数据，后者反映的是无线电传播的基本原理。

(1) 统计传播模型不能单独识别任何环境影响因素，对此有许多科研人员进行了研究。Wang[123]等在用回归方法建立无线信号的传播模型时发现，如果选择线性的二次方程，回归得到的传播模型定位存在较大误差，而若选择三、四、五、六次方程并将回归得到的信号传播模型用于定位，产生的误差就相差不大，因此他们最终选择了基于三次多项式回归的模型。卡内基梅隆大学(CMU)的科研人员提出了三角、映射和插值（triangulation，mapping and interpolation，TMI）组合方法[12]，该方法在表达接收信号强度与信号传播距离间的关系时也采用了多项式回归模型。路径损耗模型则是将地板衰减因素（floor attenuation factor，FAF）传播模型[124]进行改进的结果，由 Bahl 等[38]提出，重点考虑的是由于室内墙壁阻挡引起的无线接收信号强度衰减的问题。倪巍等将距离估计误差变量引入到路径损耗模型上，通过迭代最大似然估计算法来提高估计距离的精准度[109,125]。还有一种信号传播模型是基于多种数学方法的,如采用概率统计样本信号的方法得到信号传播模型用于定位[73,126-127]。

(2) 确定性信号传播模型依赖于无线信号传播的具体物理本质,若要在所有环境中都适用,就需要有一个非常巨大的描述环境特征的数据库来实现确定性信号传播模型,而这几乎是不可实现的。关于这方面的研究在文献[128]~文献[131]中已有一些描述,这里就不再赘述。

2) 三角测量

三角测量指在二维平面上,若已知两个参考点的位置,并获得来自每个参考点的发射信号到达定位目标的角度,以此估算出目标的位置。此方法也被称为到达角度(AOA)法,其基本原理如图 3-3 所示。

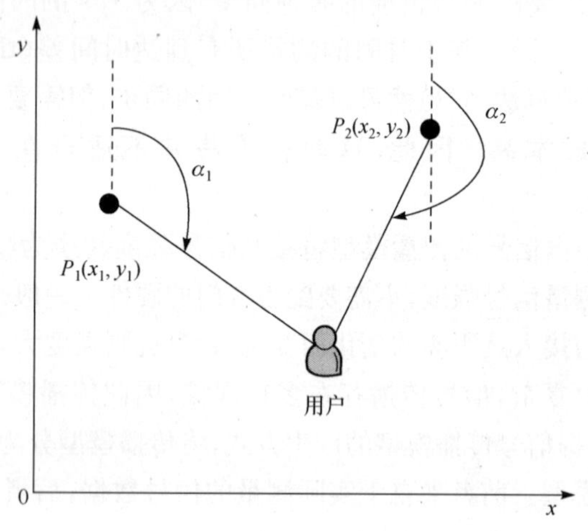

图 3-3 三角测量法

Sayrafian-Pour 等[132]将几何法与场景分析法相结合,通过阵列天线进行信号接收,借助天线聚束功能,既能测出信号在某一方面的强度,又能获得信号空间的能量谱,进而通过信号的能量谱信息进一步提高定位精度,还可减少定位所需的 AP 数量。文献[133]提出的室内定位方法是基于 VOR(VHF omni-directional ranging)基站法。VOR 基站借助信号发射器的地面传输功能,重复广播传输两种并存的脉冲信号(即基准相位信号和可变相位信号)。虽然甚高频(VHF,30~300MHz)信号传输范围较大,但在室内环境下由于门窗、墙壁等对视距传播的影响,角度测量值存在一定的误差。

2. 近似法

近似法就是用已知的位置来估计待测目标的位置，当感知到待测目标距离已知位置一定范围或出现在某一已知位置时，用当前已知位置计算出目标用户的位置。其原理如图 3-4 所示。

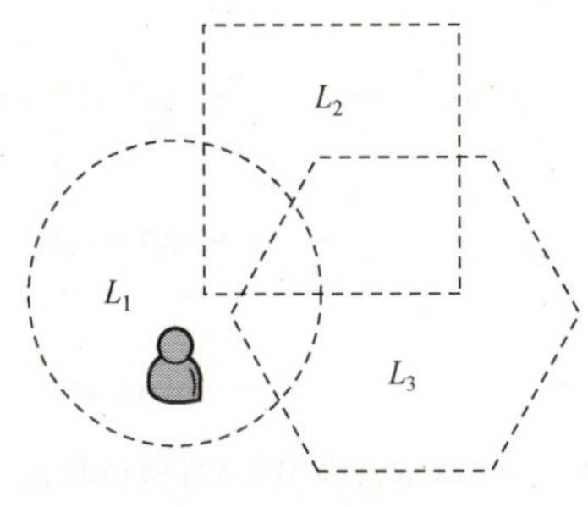

图 3-4　近似法[7]

在 WLAN 中，来自任何一个 AP 的无线信号都覆盖一定的范围，处于某一 AP 覆盖区域的无线用户都可以通过与此 AP 的连接实现网络连接。所以，我们可以通过 AP 的位置来估算移动用户的位置。近似法的算法简单，容易实现，对客户端的要求低，但其定位精度依赖于 AP 的性能和网络覆盖的室内环境。例如，Place Lab 项目[134-136]通过监听信号获得移动用户所在的蜂窝或所连接的 AP，为移动用户提供定位服务，在室外环境中定位误差为 20～30m。Bahl[38]和 Small[137]等将近似法用于室内定位，结果发现该方法在定位精度上不及几何法和场景分析法。

3. 场景分析法

场景分析法是根据某一特定环境观测到的场景中的特征来判断观测者或场景中物体的位置。通常分为静态场景分析(static scene analysis)和差动场景分析(differential scene analysis)。分析静态场景时，在一个预定的数据集中查询观察的特征，并将此特征映射成物体的位置。差动场景分析则需要不断追踪、对比连续场景之间的差异，并由此差异估计目标位置。在 WLAN 中，通常采用信号强度和信噪比作为捕捉的场景特征，但由于室内环境中各种各样的干扰因素对无线信号传播的影响，使得信噪比相对于信号强度更加不稳定，因此当前大部分的研究基本都将信号强度作为场景特征用于室内定位。

综上所述，我们也可以将基于 WLAN 的室内定位归纳为三种，图 3-5 简单呈现了三种基本定位思想及其之间的联系，而表 3-1 对它们的特点进行了比较。

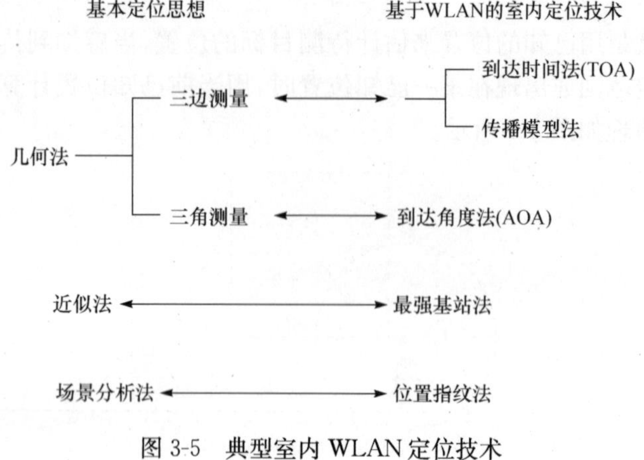

图 3-5　典型室内 WLAN 定位技术

表 3-1　室内 WLAN 定位技术比较

技术指标	TOA	传播模型法	AOA	最强基站法	位置指纹法
定位精度	高	较低	高	低	较高
成　本	高	低	高	低	低
硬　件	需要	不需要	需要	不需要	不需要
算法效率	高	高	高	高	较高
环境影响	大	大	大	小	大
AP 位置	需要	需要	需要	需要	不需要
样本数据	不需要	需要	不需要	不需要	需要

从表 3-1 可以看出，与其他定位方法相比，位置指纹法虽然在定位精准度方面不及 TOA、AOA，但具有成本低、不需额外硬件、可以便捷地应用于客户端等优点，因而广为用户所接受。此外，位置指纹算法不需要知道 AP 的具体位置、发射功率等信息即可实现定位，具有较强的灵活性。因此，位置指纹法已经成为目前 WLAN 室内定位研究的主流技术。

3.2　位置指纹定位技术

3.2.1　WLAN 指纹定位基本工作原理

WLAN 指纹定位技术是利用 RSS 与物理位置的关联性进行定位的，即利用在不同物理位置上 RSS 所体现的不一样的表现力。RSS 在不同物理位置上的表现力通过定位前期在参考点（reference place，RP）上进行采集描述，提取定位特征值并训练与物理位置的映射关系，来构建指纹数据库（即无线地图），并将实时的 RSS 进行数据库解算，得到定位结果。

WLAN 位置指纹法定位技术的工作流程主要分为离线数据采集和在线位置解算两个阶段，其主要原理和流程如图 3-6 所示。

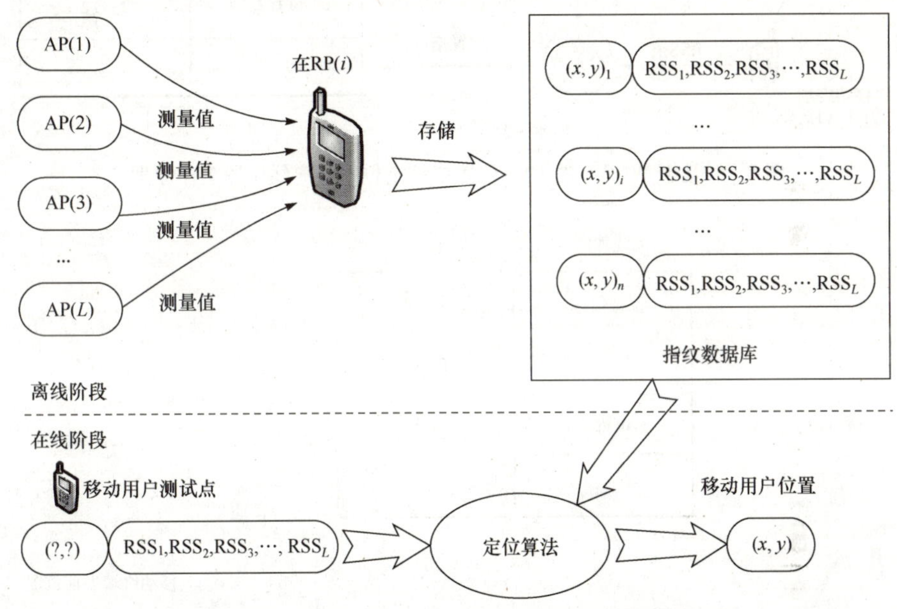

图 3-6　基于 WLAN 的 RSS 位置指纹定位系统原理

离线阶段的主要工作是进行数据采集。即按照一定的距离间隔在待定位区域范围内部署若干个参考点，在每个参考点处进行信号采集，并将接收的所有可见 AP 的信号强度、MAC 地址以及参考点的物理位置等信息作为一条完整的记录保存起来。我们将所有参考点对应的信息记录称为位置指纹数据库。离线数据采集阶段的工作原理如图 3-7 所示。

在线定位阶段，通过比较来自可测量 AP 的实时 RSS 与 RM 中记录的 RSS，将与实时 RSS 信号相似程度最大，即信号强度最接近的参考点的位置估算作为目标定位结果。从机器学习的角度来看，位置指纹法也就是通过先让计算机学习 RSS 与物理位置之间的对应关系，然后进行推理解算的过程。在线阶段的工作原理如图 3-8 所示。

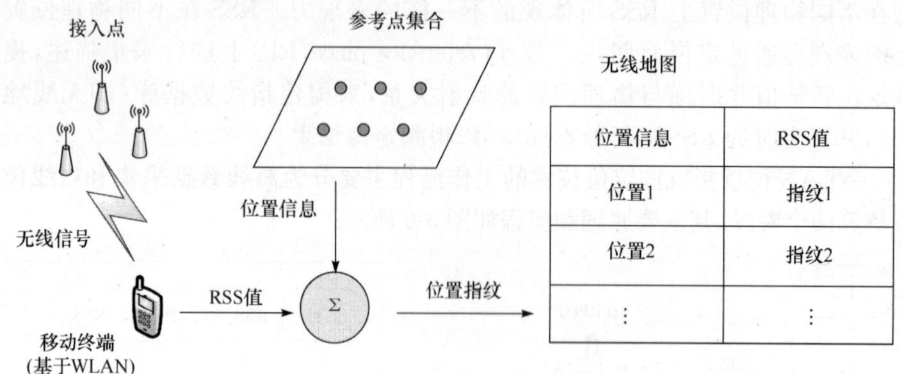

图 3-7　基于 WLAN 的 RSS 位置指纹定位系统离线阶段工作原理

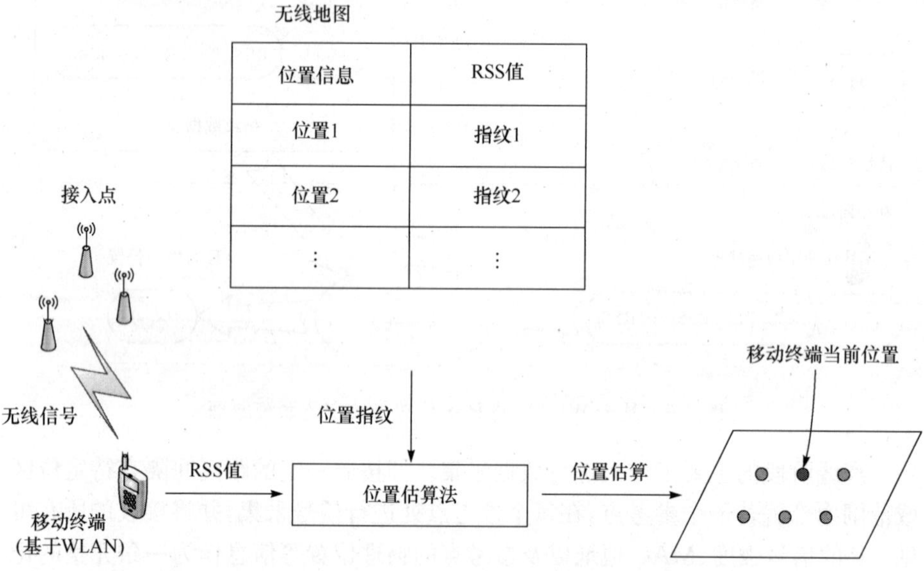

图 3-8　基于 WLAN 的 RSS 位置指纹定位系统在线阶段工作原理

3.2.2　位置指纹数据库

前面讲到，在位置指纹定位的离线阶段，主要工作就是采集所需要定位区域各参考节点位置的信号特征参数，将一组指纹信息对应一个特定的位置形成一组数据存放在位置指纹数据库。

根据保存在数据库中的位置指纹记录的不同形式，又可将指纹定位分为概率分布法和确定性方法两大类。

(1) 确定性方法。确定性方法是将一定采样时间内RSS的平均值保存到每条位置指纹记录中，根据确定性的推理算法来估计用户的位置。例如，微软公司Bahl等采用的最近邻法(nearest neighbor，NN)和K最近邻法(KNN)，在位置指纹数据库中进行搜索，找出与实时样本信号RSS相似度最高的一个或几个样本信号，并将找出的样本信号对应的参考点位置或取几个参考点的平均值作为用户的估计位置；卡内基梅隆大学的Small等提出的基于查表(table-based)定位方法，将RSS样本之间的相似度通过曼哈顿距离度量成表，在表中将最匹配的那些样本的物理位置估计为用户位置；之后，有人基于KNN方法提出了通过将多个候选的物理位置设置加权系数确定用户位置的策略；Kushki等提出利用核函数方法比较用户RSS信号和位置指纹的RSS样本，在定位距离误差上比KNN方法提高了0.56m；另外，还有神经网络[138]、多层感知机网络、径向基函数网络等在定位中的应用，但这些方法在定位精度上与KNN方法相比并不具有明显优势[139-142]。

(2) 概率分布法。概率分布法大多是采用各种概率论与数理统计的方法来处理RSS信号接收过程中带来的信息不确定性[143-145]，将一定时间内RSS的概率分布特征保存在指纹数据库中。与确定性方法相比，概率分布法具有较好的抗噪声性能，可极大地去除信号中的噪声，具有相对较高的定位精度；另外，概率分布法原理简单，易于实现。

在指纹数据库中，我们存储了在数据采集阶段各个采样点处可见AP的信号强度特征信息值以及对应的采样点的位置坐标。关于信号强度特征信息，信噪比(SNR)曾被加利福尼亚大学(UCLA)大学的Robinson等[126]用于Nibbleson室内定位系统中，后来，Bahl、郎昕培等研究发现RSS比SNR具有更强的位置相关性，说明RSS更适于用来表示来自AP的RSS特征信息，因此，本书也采用RSS作为信号强度特征信息。

1. 数据库原始数据

在离线数据采集阶段，测试人员记录每个采样点的位置坐标，在每个采样点处按照一定的采集方法接收并记录可见AP的RSS信号，并将每一采样点处的坐标和RSS值按照事先约定好的格式存储在指纹数据库中。假设第j次采集得到的原始数据为$M(j)$，可定义如下：

$$\begin{cases} M_j = [\mathrm{Lat}_j, \mathrm{Lon}_j, \mathrm{AP}] \\ \mathrm{AP} = [\mathrm{MAC}_1 : \mathrm{RSS}_1, \mathrm{MAC}_2 : \mathrm{RSS}_2, \cdots, \mathrm{MAC}_{N_i} : \mathrm{RSS}_{N_i}] \end{cases} \tag{3-1}$$

其中，[·]表示用于实时参考的集合或列表，通常需要元素之间满足顺序要求。

Lat_j、Lon_j 为第 j 个采样点的经度、纬度或符号坐标；RSS_i 表示第 i 个 AP 的接收信号强度；A：B 表示 A 与 B 之间的映射关系；N_i 表示第 i 个参考点第 j 次测量的可见 AP 集合的大小。

关于指纹数据库处理的方法有以下几种。

1) 均值法

均值法是指纹数据库处理方法中最简单的一种，典型的应用案例为 RADAR 系统。均值法的简单之处在于对于任意一个 AP，只需要一个 RSS 的平均值，假设一共有 j 个 AP，则只需要存储 N_j 个数值来作为位置指纹。于是，位置指纹库中的第 i 条指纹记录可以表示为

$$\begin{cases} M_i = [\overline{\mathrm{Lat}_i}, \overline{\mathrm{Lon}_i}, \mathrm{AP}] \\ \mathrm{AP} = [\mathrm{MAC}_1 : \overline{\mathrm{RSS}_1}, \mathrm{MAC}_2 : \overline{\mathrm{RSS}_2}, \cdots, \mathrm{MAC}_{\overline{N_i}} : \overline{\mathrm{RSS}_{N_i}}] \end{cases} \tag{3-2}$$

其中，$\overline{\mathrm{RSS}_j}$ 表示来自第 j 个 AP 的 RSS 的统计平均值。该指纹数据库的处理方法只需要存储 RSS 的均值数据，因此算法简单，但没有考虑到误差的随机性。

2) 均值/方差法

Kushki 等[146]通过引入统计方差结果来掌握统计结果的离散程度，扩展指纹数据库的预处理数据，来顾及误差的随机波动性。在任意采样点处，来自第 j 个 AP 的 RSS 的统计方差表示为

$$\sigma_j^2 = \frac{1}{\mathrm{Sample}_j - 1} \sum_{i=1}^{\mathrm{Sample}_t} (\mathrm{RSS}_j^t - \overline{\mathrm{RSS}_j})^2 \tag{3-3}$$

其中：

Sample_j 表示在第 i 个参考点处接收的第 j 个可见 AP 的采样数量；

RSS_j^t 表示来自第 j 个可见 AP 的第 t 次采样过程中所测量的 RSS 值；

$\overline{\mathrm{RSS}_j}$ 表示来自第 j 个可见 AP 的 RSS 统计均值。

注意，Sample_j 一定要大于 1。各个采样点处 RSS 均值的计算以及指纹数据库的记录格式等可以参考式(3-2)。

3) 直方图法

除了均值和方差以外，直方图方法也是原始指纹数据库数据的一种预处理方法。在指纹数据库中，可以将对应的第 i 个采样点处的记录表示为

$$\begin{cases} M_i = [\overline{\mathrm{Lat}_i}, \overline{\mathrm{Lon}_i}, \mathrm{AP}] \\ \mathrm{AP} = [\mathrm{MAC}_1 : H_1, \mathrm{MAC}_2 : H_2, \cdots, \mathrm{MAC}_{N_i} : H_{N_i}] \\ H_j = \{(b, h_j^t) \mid t \in B_j\}, \quad B_j = \{0, \cdots, [(\mathrm{RSS}_j^{\max} - \mathrm{RSS}_j^{\min})/b] - 1\} \end{cases} \tag{3-4}$$

其中，H_j、b、h_j^t 分别为第 i 个采样点处接收的第 j 个可见 AP 的 RSS 直方图、直方图的宽度以及来自第 j 个可见 AP 的第 t 个 RSS 信号对应的直方图；$\text{RSS}_j^{\max}$、$\text{RSS}_j^{\min}$ 为第 j 个可见 AP 的 RSS 的最大、最小观测值。

2. 确定性方法

确定性方法最早出现在 RADAR 定位系统中，是一种相对简单的位置指纹定位技术。该方法是先将每个采样点处的来自可见 AP 的 RSS 均值存储在指纹数据库中，然后用曼哈顿距离（Manhattan distance）或欧氏距离（Euclidean distance）去度量实时 RSS 测量值与指纹数据库中位置指纹之间的相似度，最后将相似度最高的指纹位置视为定位目标估计位置。整个过程可表示为

$$\min(D), \quad D = \sqrt{\sum_{i=1}^{n} (\text{RSS}_i - \text{FP}_i)^2} \tag{3-5}$$

其中，RSS_i 和 FP_i 分别为实时测量的数据和指纹数据库中来自第 i 个 AP 的 RSS 的均值，$i=1,\cdots,n$。

通常在定位阶段过程中，确定性定位算法只采用 RSS 均值来计算信号的空间距离，这不利于充分挖掘和利用原始数据中的方差信息。

3. 概率分布法

概率分布法的核心思想是在各个采样点处，基于实测 RSS 计算出用户的条件概率或者后验概率，选取具有最大条件概率的参考点得到一个对终端位置具有最大后验概率的估计 x_{Map}，或者对多个指纹数据库的各个采样点的 RSS 进行相应处理，进行统计平均得出目标位置。概率分布法是目前 WLAN 定位算法中基于位置指纹定位技术的研究热点。

假设终端位置与对应处的可见 AP 信号强度分别用随机变量 x 和 y 表示，则该方法可表示为

$$\begin{cases} x_{\text{Map}} = \underset{x}{\operatorname{argmax}}\, P_{x|y}(x \mid y) \\ P_{x|y}(x \mid y) = \dfrac{P_{y|x}(y \mid x)P_x(x)}{P_y(y)} = \dfrac{P_{y|x}(y \mid x)P_x(x)}{\displaystyle\int P_{y|x}(y \mid x)P_x(x)\mathrm{d}x} \end{cases} \tag{3-6}$$

关于似然函数 $P_{y|x}(y|x)$ 的计算，有直方图和核函数两种方法。另外，具有联合概率分布的图形化的贝叶斯网络技术也属于概率位置指纹算法，贝叶斯图形化网络能够清楚地表示概率分布中各个随机变量之间的依赖关系。该算法由加利福尼亚大学（UCLA）大学 Castro 等[61]提出用来提供无线局域网环境下的

室内定位服务，最早应用在 Nibble 系统中。

3.2.3 位置指纹定位算法

在位置指纹定位的在线阶段，主要进行移动用户的位置解算。典型的定位算法主要有最近邻法[39]、朴素贝叶斯法、最大似然概率法[114,115]、核函数法[118]、人工神经网络法[33,35]和支持向量回归法[117,147]。下面详细说明各算法的内容[148]。

1. 最近邻法

最近邻(nearest neighborhood,NN)法是先计算实时测量的 RSS 样本与指纹数据库中各个指纹对应的 RSS 均值之间的欧氏距离，然后找出距离实时 RSS 样本信号最近的一个或多个指纹，最后将各个指纹的位置坐标进行平均或加权平均并估计待测目标的位置。计算欧氏距离的公式为

$$d_i = \sqrt{\sum_{j=1}^{d} (\overline{\mathrm{RSS}_i^j} - \mathrm{RSS}^j)^2} \tag{3-7}$$

其中，$\overline{\mathrm{RSS}_i^j}$是在第 $i(i=1,2,\cdots,N)$个参考点上来自于第 j 个 AP 的 RSS 均值；RSS^j 是在线阶段实时测量得到的第 j 个 AP 的 RSS；N 是参考点的个数。通过 NN 法得出的对应最小 RSS 欧氏距离的参考点位置，将直接被视为移动用户的空间位置。NN 法将最近邻的参考点位置作为待定位目标的定位匹配结果，其定位精度受限于最近邻指纹的匹配情况，所以定位精度不高，定位稳定性较差。

K 最近邻(K nearest neighborhood,KNN)法是 NN 法的改进(NN 法也可以看成是 $K=1$ 时的 KNN 法)，通常选取 $K(K\geqslant 2)$个 RSS 欧氏距离最小的位置指纹，用户位置由对应的参考点位置坐标的平均值决定：

$$(x,y) = \frac{1}{K}\sum_{i=1}^{K}(x_i,y_i) \tag{3-8}$$

式中，(x,y)表示定位坐标；(x_i,y_i)是最近邻第 i 个参考点的坐标。

考虑到 K 个指纹距离实时测量的 RSS 信号的差别，其贡献也是不同的，因此 K 个近邻参考点所提供的信号强度的权重应该取不同的值。由此，加权 K 最近邻(weighted K nearest neighborhood,WKNN)法被提了出来，它在计算出 K 个最近邻的参考点之后，将归一化加权系数分别分配给对应的参考点坐标：

$$(x,y) = \sum_{i=1}^{K}\left(\frac{\eta}{d_i+\varepsilon}\cdot(x_i,y_i)\right) \tag{3-9}$$

式中，d_i 表示实时测量的 RSS 向量样本与第 i 个近邻参考点的 RSS 欧氏距离；参数 η 为归一化加权系数；ε 是为避免分母出现零而设置的一个较小的正常数。定义加权系数值与信号的欧氏距离值成反比，以保证距离实时测量的 RSS 越小的参考点的位置坐标的权重越高，位置加权系数能够在一定程度上提高系统的定位精度。

2. 朴素贝叶斯法

朴素贝叶斯(naive Bayes)法源于统计学的贝叶斯分类，通过统计类的先验知识和从数据中收集的新证据来预测类成员关系的可能性。贝叶斯分类基于贝叶斯定理(Bayes theorem)，朴素贝叶斯则是贝叶斯分类的一个实现，朴素贝叶斯法用于定位就是要获得在定位区域每个位置处的实时 RSS 位置指纹样本的后验概率。

假设在定位区域一共产生了 l 个位置指纹($\{F_1,F_2,\cdots,F_l\}$)，位置指纹集合的每个指纹与位置集合$\{L_1,L_2,\cdots,L_l\}$的每个位置存在一一映射关系。在实时定位阶段，每个 RSS 位置指纹样例都包含来自 n 个 AP 的 RSS 的平均值，记为 S，即$S=\{s_1,s_2,\cdots,s_n\}$。这样，朴素贝叶斯法可表示为 $p(L_i|S)$。根据贝叶斯理论，可以将此后验概率方程进行进一步推导：

$$p(L_i \mid S) = \frac{p(L_i \mid S) \cdot p(L_i)}{p(S)} = \frac{p(S \mid L_i) \cdot p(L_i)}{\sum_{k \in L} p(S \mid L_k) \cdot P(L_k)} \tag{3-10}$$

式中，$p(S|L_i)$表示在某个已知位置处对应实时 RSS 的位置指纹样例 S 的条件概率；$p(L_i)$表示在定位区域上 L_i 位置处的先验概率，因为用户在定位区域上所有位置出现的可能性相同，所以一般认为 $p(L_i)$服从均匀分布。另外，该算法假设在某一位置来自 AP 的 RSS 是彼此独立、互不相关的。

3. 最大似然概率法

最大似然概率法(maximum likelihood)是利用 RSS 的概率分布信息法。设有 N 个参考点$\{p_1,p_2,\cdots,p_N\}$，离线阶段分别在这 N 个参考点上测量来自所有可见 AP 的 RSS 值，根据实测数据拟合出每个参考点处的 RSS 信号的概率分布函数。

假设在实时定位阶段实测的 RSS 向量样本为 r，那么可将具有最大后验概率的参考点位置估计为用户位置：

$$(x,y)=\max_{p_i} P(p_i|r), \quad i=1,2,\cdots,N \tag{3-11}$$

后验概率的计算公式为

$$P(p_i|r)=\frac{P(r|p_i)\cdot P(p_i)}{P(r)} \tag{3-12}$$

一般认为用户在各个参考点处具有均匀分布的先验概率,也就是说 $P(p_i)=1/N$。在线阶段定位时,$P(r)$是固定常数。这样可用最大似然概率准则代替最大后验概率准则,最简单的方法是将具有最大似然概率的参考点位置估计为目标用户位置:

$$(x,y)=\max_{p_i} P(r|p_i), \quad i=1,2,\cdots,N \tag{3-13}$$

在计算出样本的均值和方差后,用高斯分布函数拟合固定参考点处的 RSS 信号分布。若各个 AP 的 RSS 信号是独立的,则可用 d 个独立的 AP 对应的似然概率函数的乘积表示固定参考点 p_i 上的似然概率函数:

$$P(r \mid p_i) = \prod_{k=1}^{d} P(\mathrm{RSS}^k \mid p_i) \tag{3-14}$$

与 WKNN 法相似,用最大似然概率法进行用户位置估算,也是匹配计算出相似度最高的 K 个参考点并进行加权。不同之处在于以似然概率为度量准则的最大似然概率法比用 RSS 信号欧氏距离度量的 NN 法更加准确。通过计算具有最大似然概率的 K 个参考点,即可估算出用户位置:

$$(x,y) = \sum_{i=1}^{K} \eta \cdot P(p_i \mid r) \cdot p_i \tag{3-15}$$

其中,(x,y)是输出的定位结果;p_i 表示似然概率最大的 K 个参考点与对应的参考点数的集合;η 为相似性归一化加权系数。

4. 核函数法

核函数法是利用核函数在指纹数据库中找出若干个与实时 RSS 样本信号最相似的指纹,用户的位置由各个指纹的位置坐标的加权平均得出。因为高斯核函数[148]的平滑性较好并且具有逼近任意非线性函数的能力,更适合 RSS 信号的多变性,因此这里采用高斯核函数。核函数法能够较好地捕获 RSS 信号的非线性模式,充分利用每个参考点处的所有 RSS 信息,相对于 WKNN 算法的定位精度有明显提高。其相似性权值表示为

$$w_{\mathrm{SG}}(r,F(p_i)) = (2\pi)^{-d/2}\,\frac{1}{n}\sum_{i=1}^{n}\exp\left(\frac{-\parallel r-r_i(t)\parallel^2}{2\sigma_i^2}\right) \tag{3-16}$$

其中,$r_i(t)$为参考点 L_i上的第 t 个 RSS 样本向量;n 为 RSS 的样本数目;r 为实时 RSS 样本向量;σ_i 为相应核函数的宽度。通过计算得出 K 个权值相似性最大

的指纹，用户位置坐标由下式估算得出：

$$(x,y)=\sum_{i=1}^{K}\eta_{SG}\cdot w_{SG}(r,F(p_i))\cdot p_i \tag{3-17}$$

其中，(x,y)是输出定位结果；p_i 为 K 个具有最大相似权值的参考点集合；η_{SG}为相似权值归一化系数。

5. 人工神经网络法

反向传播(back propagation，BP)神经网络算法的多层前向网络，具有任意精度逼近性，因而在函数逼近、非线性建模及模式识别领域被广泛应用，是目前人工神经网络(artificial neural network，ANN)应用于 WLAN 室内定位的主要算法。基于并行网络结构的 BP 神经网络，由一层或者多层隐含层、输入层和输出层组成，通过作用函数将隐节点的输出信号传递到输出节点，最后输出结果。Kolmogorov 定理已经充分证明 BP 神经网络具有非常强大的泛化功能和非线性映射能力，利用三层网络可以实现任意连续函数或者映射。一个典型的具有输入层、输出层和隐含层的 BP 神经网络模型如图 3-9 所示。

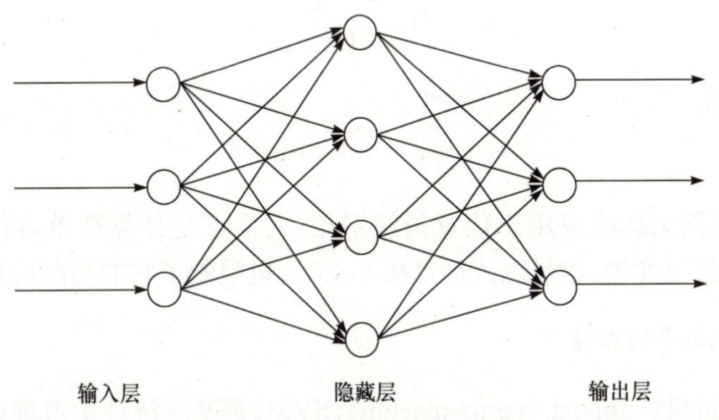

图 3-9　BP 神经网络模型

BP 神经网络算法把一组样本的输入、输出问题转化成一个非线性优化问题，并将最普遍的梯度下降法用于问题优化。通过加入隐节点来增加优化问题的可调参数，从而获得更优的解。其算法的基本思想是从输出层开始计算训练样本的误差，逐层反向传递并且不断修正权系数矩阵，以达到神经网络系统优化的目的。

BP 神经网络算法的实现过程如下：

(1) 建立 BP 神经网络模型，初始化网络及学习参数。

(2) 提供训练模式,选择实例,建立学习训练样本,训练网格直到满足学习要求。

(3) 进行前向传播过程。对给定的训练模式进行输入,计算网络的相应输出模式,并与期望模式进行比较。如果得到的误差不能满足精度要求,则进行误差反向传播,否则转到步骤(2)。

(4) 进行反向传播过程。

假设神经网络系统第 m 层的第 i 个神经元的激活与输出为

$$\begin{cases} a_i(m) = \sum_{j=1}^{N_{m-1}} \omega_{ij}(m) o_j(m-1) + \theta_i(m) \\ o_i(m) = f(a_i(m)) \end{cases} \tag{3-18}$$

其中,$a_i(m)$和 $o_i(m)$是第 m 隐藏层中第 i 单元的激活与输出(激活是第 $m-1$ 层的神经单元输出与偏置条件的加权和);$\omega_{ij}(m)$是连接第 $m-1$ 层第 j 单元的输出到第 m 层第 i 单元输入的加权值;N_{m-1}是第 $m-1$ 层神经元的个数;$f(\cdot)$是平滑非线性的传递函数,通常是 S 型函数

$$f(r)=\frac{1}{1+\mathrm{e}^{-r}} \tag{3-19}$$

或高斯核函数

$$f(r)=\mathrm{e}^{-(r-r_0)^2/2\sigma^2} \tag{3-20}$$

BP 神经网络算法应用于位置指纹定位,其优点是计算简单,可拓展性强。但该算法收敛速度慢,容易陷入局部极小点,这也限制了它的实际应用。

6. 支持向量回归法

支持向量机(support vector machine,SVM)是基于统计学习理论体系的一种新的通用机器学习方法,其基本思想是实现结构风险最小化。支持向量回归(support vector regression,SVR)算法通过升维后,在高维空间中构造线性决策函数来实现线性回归,SVR 将线性方程中的线性项用核函数来代替,可使原来的线性算法"非线性化",即做到了非线性回归。对于线性情况,SVM 函数通常用线性回归函数 $f(x)=\omega\cdot x+b$ 拟合(x_i,y_i),$i=1,2,\cdots,n$,$x_i\in\mathbf{R}^n$ 为函数输入量,$y_i\in\mathbf{R}$ 为函数输出量,线性回归函数需要确定参数 ω 和 b。惩罚函数通常在模型学习前已经选定,用于度量学习模型在学习过程中的误差,同一学习问题选取不同的损失函数所得到的模型不同,不同的学习问题对应的损失函数一般也不同。常用的惩罚函数有 ε-不敏感函数、拉普拉斯函数、高斯函数、鲁棒损失、

多项式和分段多项式。

标准的 SVM 采用 ε-不敏感函数，即假设所有训练数据在精度 ε 下用线性函数拟合：

$$\begin{cases} y_i - f(x_i) \leqslant \varepsilon + \xi_i \\ f(x_i) - y_i \leqslant \varepsilon + \xi_i^* \\ \xi_i, \xi_i^* \geqslant 0 \end{cases} \tag{3-21}$$

其中，$i=1,2,\cdots,n$；ξ_i、ξ_i^* 是松弛因子，当划分存在误差时都大于 0，当无误差时取值为 0。以 ε-不敏感函数为惩罚函数的 SVR 结构如图 3-10 所示。

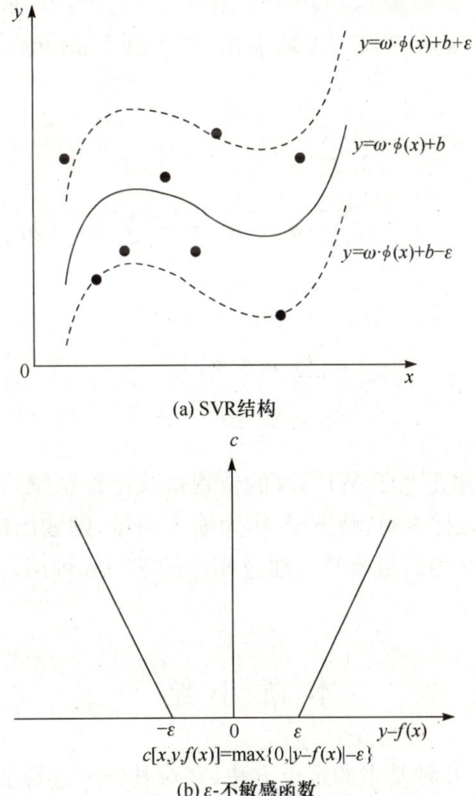

图 3-10　以 ε-不敏感函数为惩罚函数的 SVR 结构示意图

此时，问题被转化为求解优化目标函数的最小化问题：

$$R(\omega,\xi,\xi^*) = \frac{1}{2}\omega \cdot \omega + C\sum_{i=1}^{n}(\xi_i + \xi_i^*) \tag{3-22}$$

式(3-22)中,右侧第一项可使拟合函数趋于平坦,有利于机器学习泛化能力的提高;第二项可减小误差;C 为常数($C>0$),表示对超出误差 ε 的样本的惩罚程度。联合式(3-21)与式(3-22)的求解过程就是一个凸二次优化的问题,适时引入 Lagrange 函数

$$L=\frac{1}{2}\omega\cdot\omega+C\sum_{i=1}^{n}(\xi_i+\xi_i^*)-\sum_{i=1}^{n}\alpha_i[\xi_i+\varepsilon-y_i+f(x_i)]$$
$$-\sum_{i=1}^{n}\alpha_i^*[\xi_i^*+\varepsilon-y_i+f(x_i)]-\sum_{i=1}^{n}(\xi_i r_i+\xi_i^* r_i^*) \tag{3-23}$$

其中,$\alpha,\alpha_i^*\geqslant0$,$r_i,r_i^*\geqslant0$,是 Lagrange 乘数,$i=1,2,\cdots,n$。求函数 L 对 $\alpha,\alpha_i^*,r_i,r_i^*$ 的最大化,以及对 ω,b,ξ_i,ξ_i^* 的最小化,代入到 Lagrange 函数,得到最大化对偶形式函数

$$W(\alpha,\alpha^*)=\frac{1}{2}\sum_{i=1,j=1}^{n}(\alpha_i-\alpha_i^*)(\alpha_j-\alpha_j^*)(x_i\cdot x_j)$$
$$+\sum_{i=1}^{n}(\alpha_i-\alpha_i^*)y_i-\sum_{i=1}^{n}(\alpha_i+\alpha_i^*)\varepsilon \tag{3-24}$$

s. t.

$$\begin{cases}\sum_{i=1}^{n}(\alpha_i-\alpha_i^*)y \\ 0\leqslant\alpha_i,\alpha_i^*\leqslant C\end{cases} \tag{3-25}$$

将 SVR 算法应用于基于 WLAN 的位置指纹定位系统,在给定参考点上采集位置与 RSS 的训练样本对,将 RSS 作为输入向量,则输出向量为该位置的坐标,并可将 AP 个数作为向量维数。通过相应的学习和训练,可以得到关于位置的坐标。

本 章 小 结

本章首先介绍了几种基本的定位方法,并对其优劣进行了简单的对比,结果表明,这些方法在定位精度、定位成本以及复杂度方面并不能得到较好的平衡。接着详细介绍了 WLAN 室内定位技术和基于位置指纹的室内定位技术,重点归纳和总结了基于 WLAN 的位置指纹室内定位的原理、实现技术和位置解算方法。

第 4 章　基于 IDGD 模型的定位算法

由于基于 WLAN 和位置指纹的室内定位技术是根据接收终端采集信号强度与距离的映射关系进行定位，因此，其定位性能极大程度上依赖于 RSS 的稳定性，而 RSS 又与用于定位所部署的 AP 数量、位置以及采样的室内环境等诸多因素有关。为了更好地提高定位系统的性能，研究和分析影响 RSS 的一些关键因素以及这些关键因素与定位性能之间的关系是非常重要的。室内环境受墙体等障碍性物体的屏蔽和遮挡，致使信号衰减和产生多径传播；另外，人员活动、人体吸收、室内环境温度和湿度的变化、人员数量和密度的变化等也会对信号传播造成影响。

本章通过课题研究人员的实验数据，提出了基于 IDGD 模型的定位算法，可明显提高系统的定位精度。

实验在一幢典型的办公大楼内完成，砖块墙体，金属窗户，玻璃和木门。此大楼被 802.11 无线局域网所覆盖，最多可见 46 个 AP。实验环境结构如图 4-1 所示。

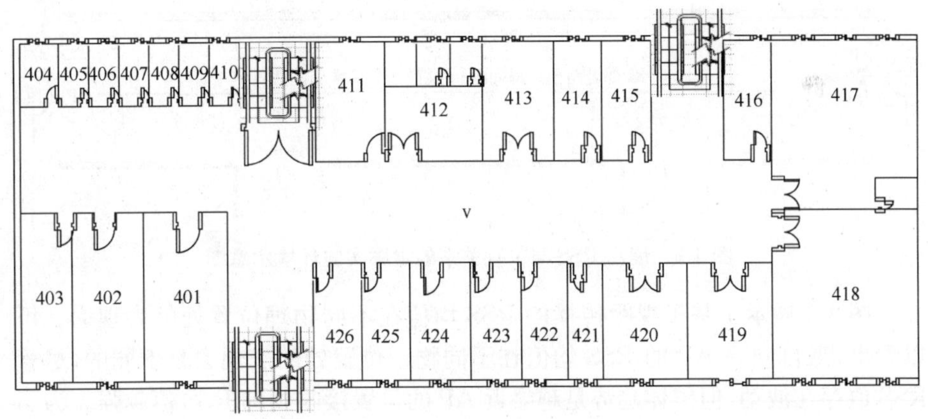

图 4-1　WLAN 室内定位环境结构图

实验数据采集采用的是开源接收软件 inSSIDer，具有良好的人机交互界面和 RSS 信号采集功能，并能通过无线网络上传至服务器。计算仿真的计算机是配有 Intel Centrino/Advanced-N 6250 无线网卡的联想 X220 笔记本电脑。

4.1　RSS 的统计分布特性

基于位置指纹的室内定位技术主要依赖于 RSS 与物理位置的相关性。在室内 WLAN 定位环境下，建立精准、可靠的 RSS 位置指纹数据库是实现定位精度的前提和保障，这也要求我们必须对用于建立指纹数据库的接收信号进行全面的了解和分析，以满足室内定位系统对定位精度的要求。本节通过对实际 WLAN 环境中采集的无线信号进行分析，从定位角度阐述 RSS 在室内的分布特性。

4.1.1　RSS 与位置匹配的关系

RSS 与位置匹配关系的唯一性是实现室内定位的关键所在，我们正是利用在每一个参考点处采集到的来自 AP 的信号所表现出的与其他参考点处的差异性来反映位置信息。为了直观展现 RSS 与位置的关联性，这里设计了一个可视实验环境，在一个长约 100m、宽约 2.5m 的走廊沿直线每间隔 3m 采集样本数据 60 个，AP 放置在走廊的东侧墙面上，距离地面约 3m，天线朝向西侧，测试从西端开始(RP1)到东端结束(RP33)(测试终端设备与 AP 之间的信号是可视化传播)。实验环境如图 4-2 所示。

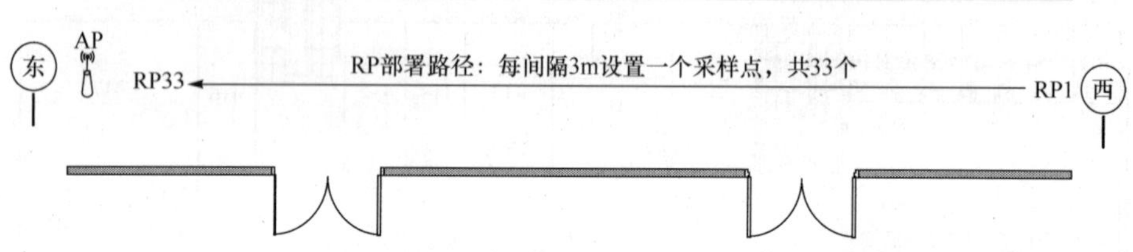

图 4-2　展示 RSS 与位置关系的走廊实验环境示意图

图 4-3 展示了基于视距传播的 RSS 均值在不同物理位置处的表现力。可以看出，来自同一 AP 的 RSS 均值在不同物理位置处的表现力是不同的，尽管 RSS 值存在波动，但整体趋势是越靠近 AP 的位置接收到的 RSS 值越强。为了验证这一特点并不依赖于 AP 的硬件特性，实验中接收了来自 3 个不同厂商 AP 的信号，结果显示都遵循这一规律。

4.1.2　人对 RSS 的影响

人体的组成成分中有 70% 是水，而水的共振频率为 2.4GHz，恰好与

WLAN 信号的频率相同。因此,人是 WLAN 无线电信号传播的一个非常重要的干扰源。对于位置指纹定位,无论是离线阶段为建立 RM 而进行信号采集,还是在线阶段对信号的实时接收,都离不开人的参与,所以研究人对 RSS 的影响因素是十分必要的。

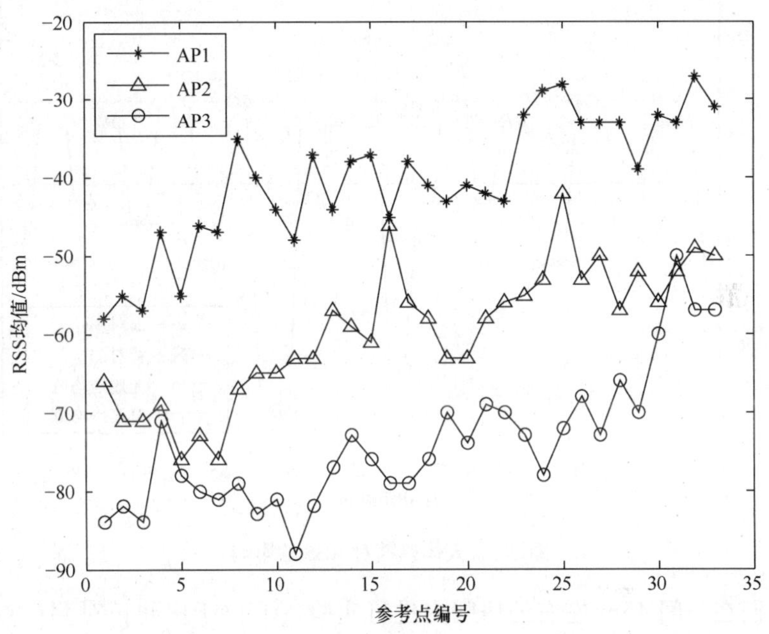

图 4-3　RSS 均值在不同物理位置处的表现力

室内人员走动是实际应用中非常普遍的一个现象,而人员走动会增加人体遮挡信号接收器的机会。这里首先来分析下人员遮挡信号接收器对于 RSS 的影响。在如图 4-2 所示的实验环境下,测试者手持接收终端匀速背对着 AP 向前行走 50m,再转身正对着 AP 返回。实验结果如图 4-4 所示,三角表示接收终端没有被身体遮挡时所接收到的实时 RSS 数据,圆圈代表接收器被身体遮挡情况下接收的实时 RSS 数据,可以看出身体遮挡会降低接收信号的强度,在接收终端被人体遮挡的情况下接收到的信号强度普遍低于无遮挡的情况,其中有遮挡时接收到的信号均值为－57dBm(图 4-4 中靠下的水平线),而无遮挡的时候为－53dBm(图 4-4 中靠上的水平线),平均相差 4dB。这种差距只是在 30m 的距离产生,如果距离增加,差距也会更大。

在绝大多数的室内环境中,都是上班时间比下班时间人多,白天比晚上人多,工作日比节假日人多,如企业、学校以及各种行政单位等,无论是哪里,在一天的 24 小时里，总会出现人员密集和稀少的情况。通过调查人员密度对 RSS 的影响，可以为不同应用环境收集离线信号的时机提供重要参考依据。

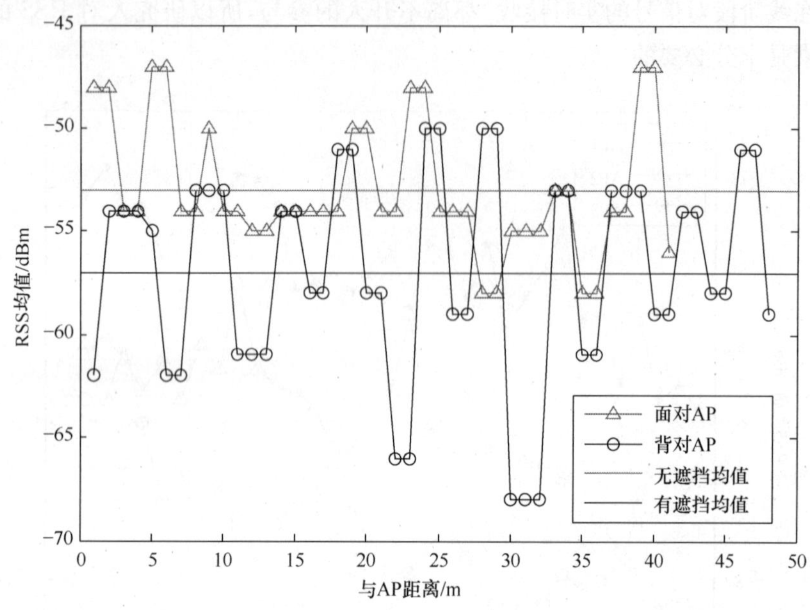

图 4-4 人体遮挡对 RSS 的影响

我们在一间 45m² 左右的房间内进行实验，AP 位于房间正对测试点的墙壁上方，非视距直线距离大概 5m，有 10 人在工作，在同一位置持续 20min 采集得到的 RSS 分布直方图如图 4-5 所示。可以看出，尽管 AP 距离测试点较近，但由于室内人数较多，人员密度相对较大，加之期间有人员的走动，故接收到的信号在 −62～−35dBm 范围波动，波动范围比较大(27dB)。接着我们又在房间内只有测试者一人、其他所有测试条件都相同的情况下进行测试，得到的 RSS 分布直方图如图 4-6 所示，可以看出 RSS 波动范围较小(约 20dB)，而且信号强度值也比较集中。

综上所述，人体遮挡、人员密度以及人员走动都会对 RSS 分布产生影响，因此，在位置指纹定位的离线阶段为建立指纹数据库而进行训练数据采集时，应该事先分析定位范围的人员活动特点，根据定位系统的实际应用环境设计合适的采集时间和采集环境，再进行数据接收(例如，定位应用多数发生在人员密集时间段，则训练数据也应该在人员密度大的时候进行采集)，以期更加切合实际的定位应用场景，提高系统定位准确度。

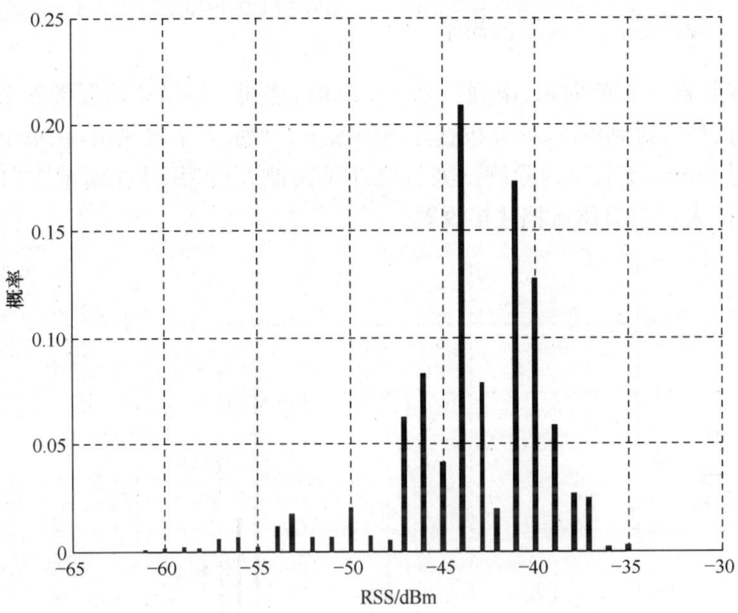

图 4-5　实验室有人情况下的 RSS 分布直方图

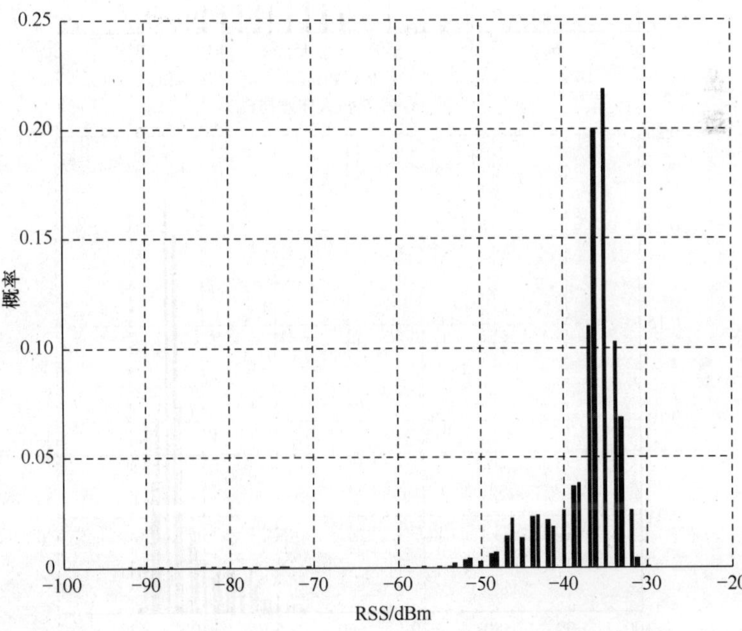

图 4-6　实验室无人情况下的 RSS 分布直方图(除测试者外无其他人干扰)

4.1.3　接收器朝向对 RSS 的影响

将接收器分别朝向东、南、西、北 4 个方向，在同一测试点位置接收来自同一个 AP 的信号，得到的 RSS 分布直方图如图 4-7 所示。本次测试，在每个方向上收集信号 5min，实验室内除测试人员之外无其他人员，并且在朝东方向进行测试时，测试人员用身体遮挡住接收器。

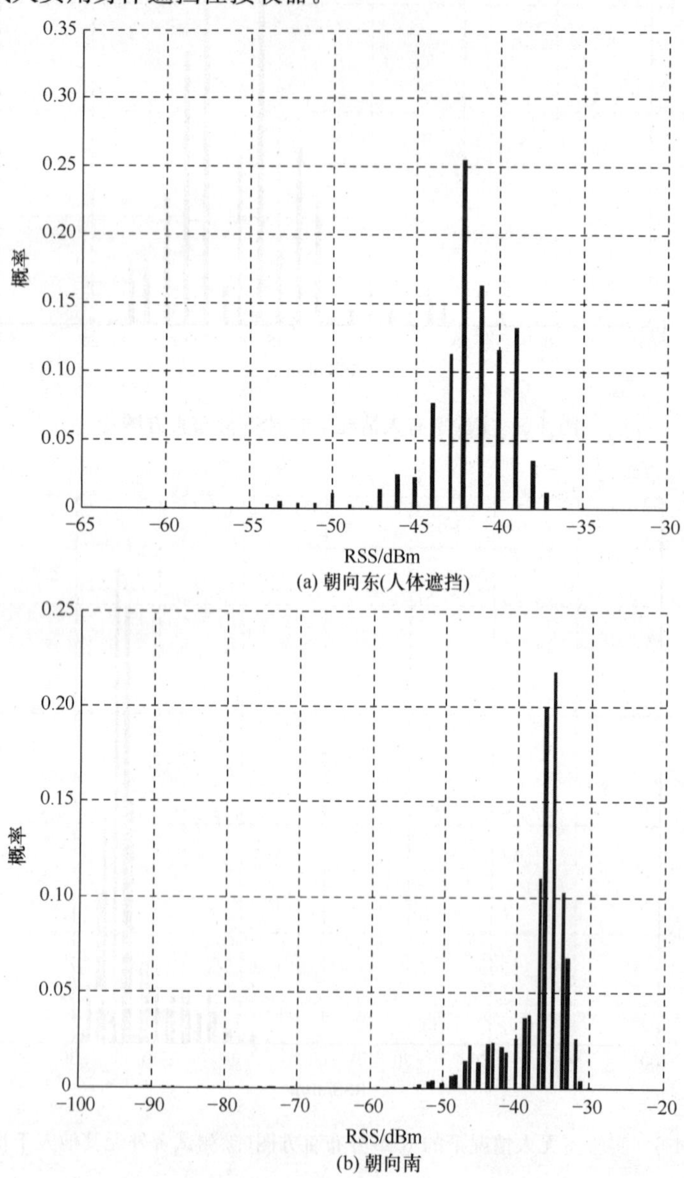

(a) 朝向东(人体遮挡)

(b) 朝向南

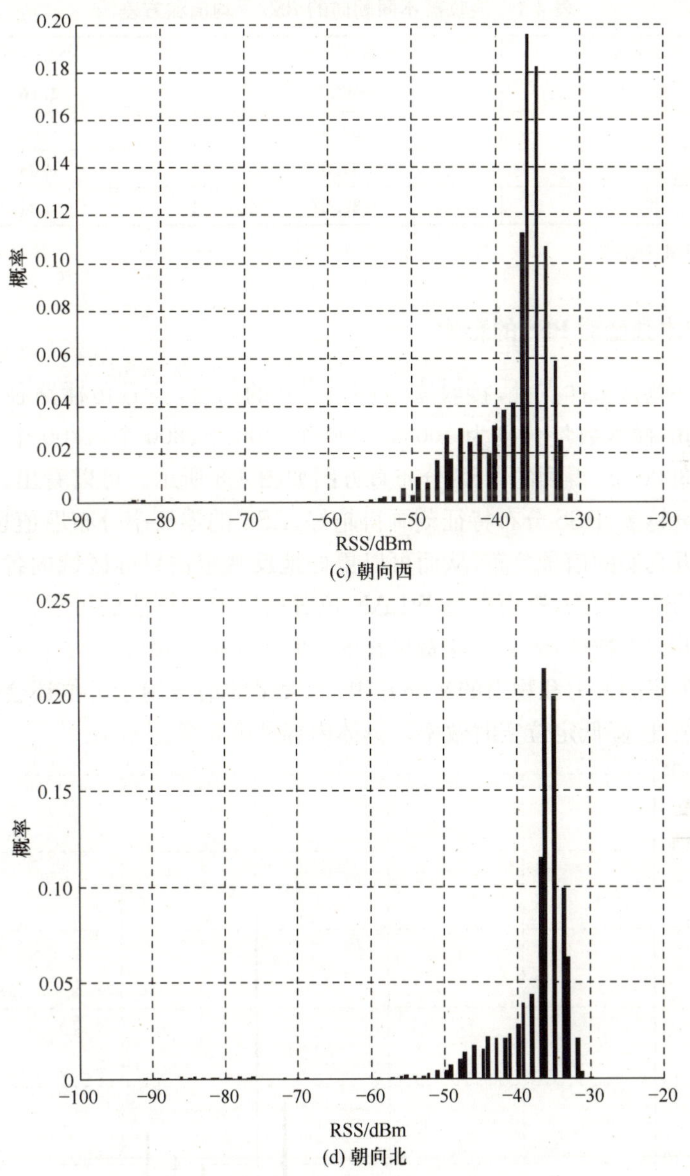

(c) 朝向西

(d) 朝向北

图 4-7　接收器不同朝向的 RSS 分布直方图

从图 4-7 中可以看出，尽管存在传播路径的不同，在无人体遮挡的情况下，各个朝向接收到的信号强度区别不大(南、西、北方向)。当有身体遮挡时(朝东方向)，信号的波动范围增大，信号平均强度降低，分布方差显著增大。表 4-1 列出了各朝向的 RSS 平均值和方差。

表 4-1　接收器不同朝向的 RSS 平均值和方差

接收器朝向	RSS 平均值	RSS 方差
东*	**−42.7**	**2.16**
西	−39.69	1.08
南	−39.63	1.03
北	−39.57	1.04

* 表示有身体遮挡。

4.1.4　样本数量对 RSS 的影响

在同一测试采样点处，接收来自同一 AP 的信号，信号传播路径是可视传播，采集到的样本数量分别为 100 个、200 个、400 个、800 个、1700 个、3400 个、6800 个、13000 个，得到的 RSS 分布直方图如图 4-8 所示。可以看出，采集样本信号的数量越多，RSS 分布特征刻画得越好，RSS 的零概率分布取值也会减少，即越能接近真实的信号分布，从而可以更好地反映定位目标区域内各个物理位置与指纹的匹配关系，进而提高 WLAN 位置指纹定位算法的可靠性。但是，若接收大量的样本数据，势必要花费更长的时间用于信号接收，较长的接收时间将带来信号采集的人力和物力的额外开销，而大量的信号用于定位还会增加系统计算的复杂度，降低定位实时效率。具体内容见第 5 章。

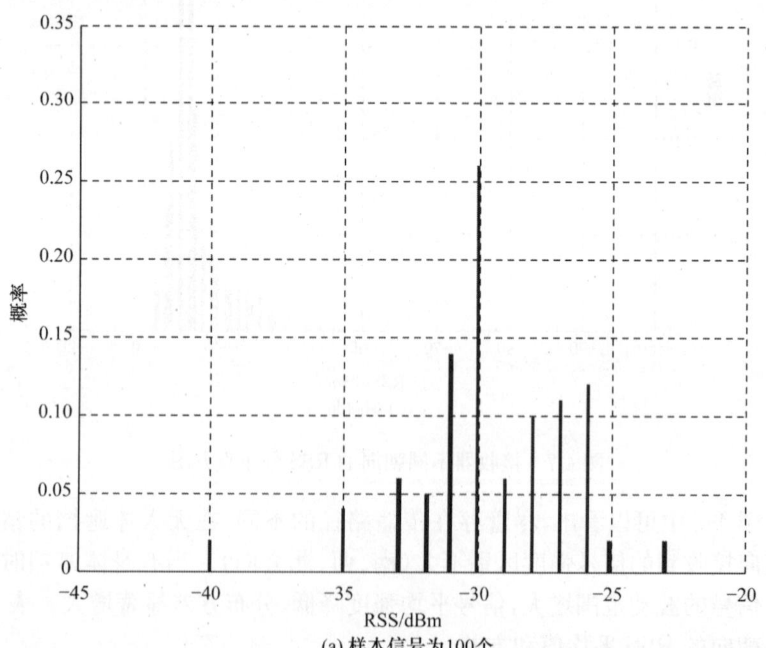

(a) 样本信号为100个

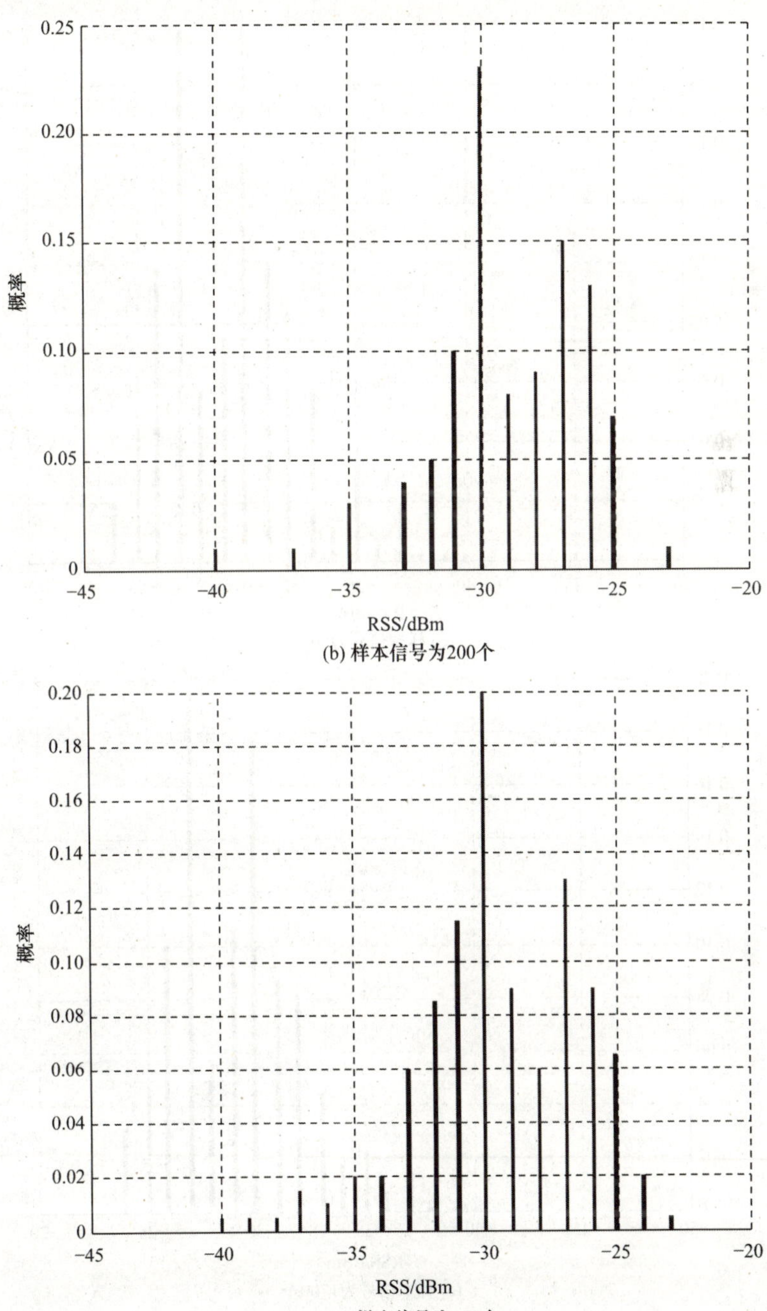

(b) 样本信号为200个

(c) 样本信号为400个

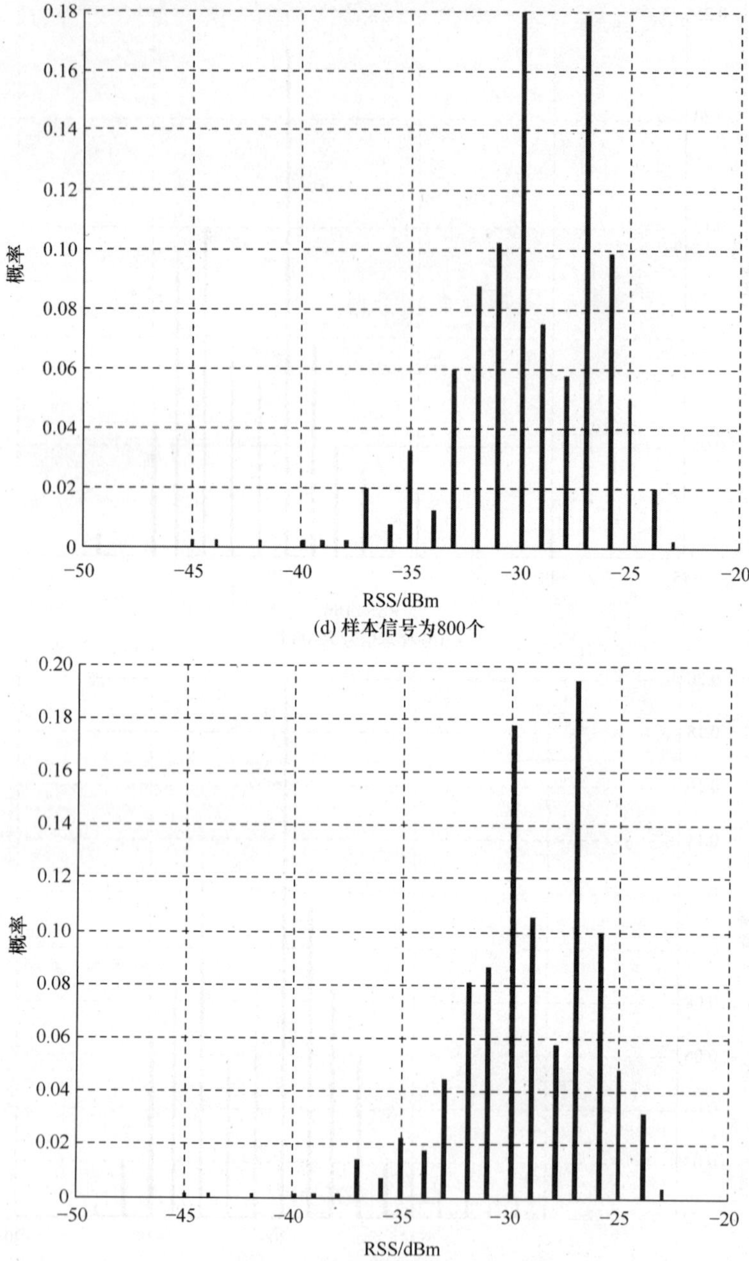

(d) 样本信号为800个

(e) 样本信号为1700个

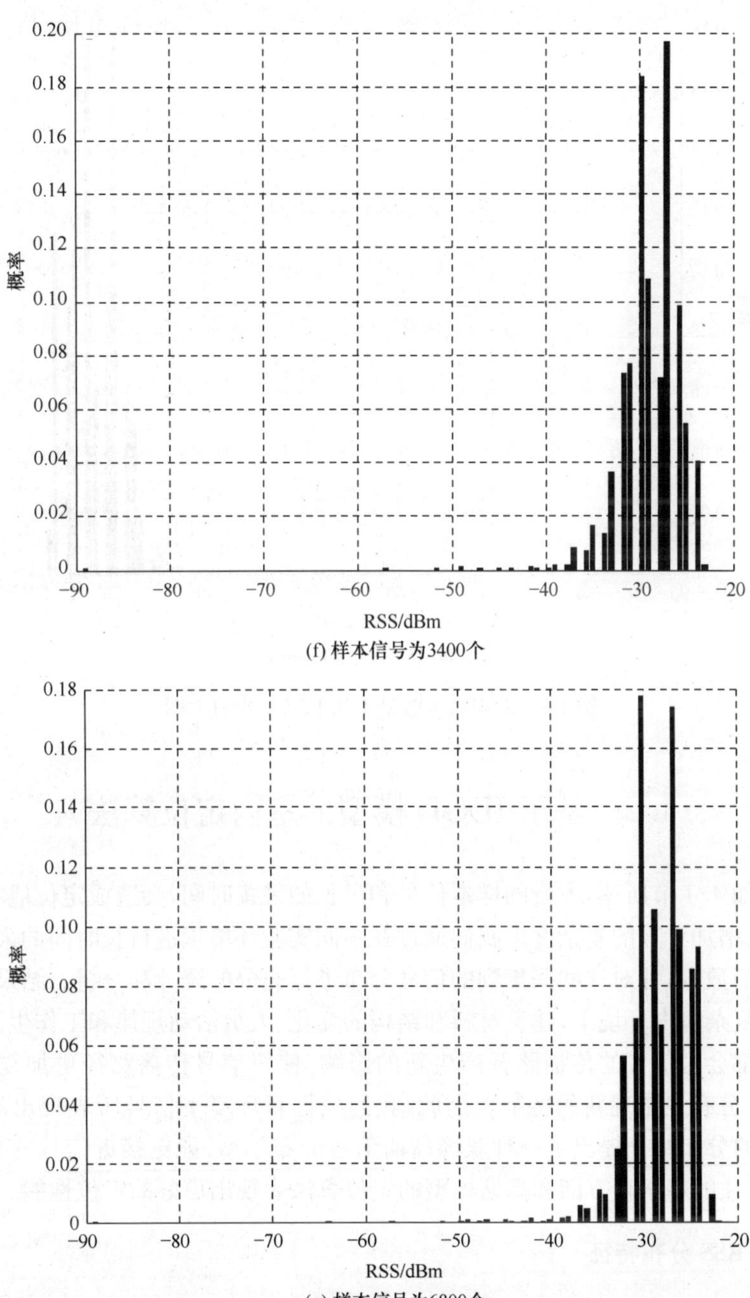

(f) 样本信号为3400个

(g) 样本信号为6800个

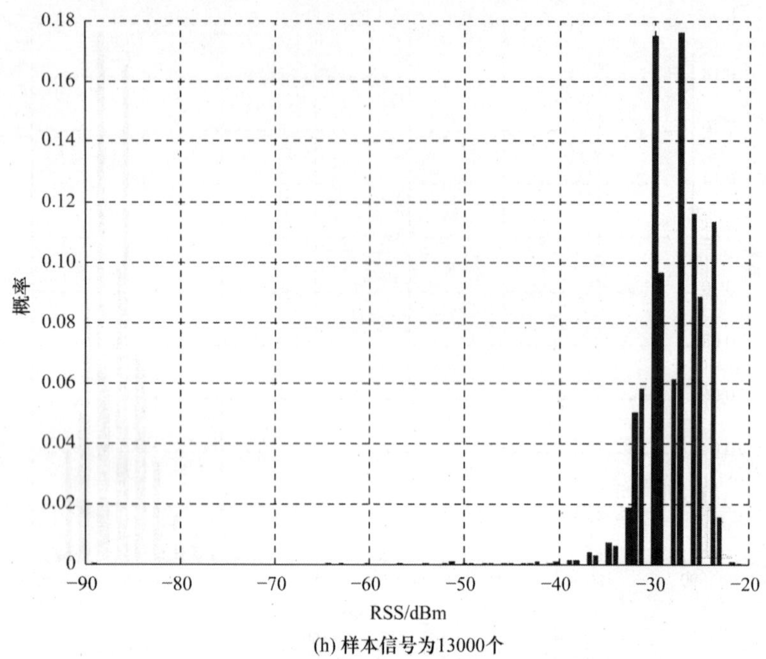

(h) 样本信号为13000个

图 4-8　不同样本数量下的 RSS 分布直方图

4.2　基于 IDGD 模型的室内定位算法

正如 4.1 节所述，大量的样本信号和过长的采集时间，会造成定位成本的额外开销、增加计算的复杂度。我们通过在不同实验环境里进行长时间的采集，得到大量的数据，并对这些采集到的信号分布进行充分的统计和分析。结果表明，在新的复杂室内环境下，建筑材料和结构的变化、人员活动规律和工作生活方式的变化都会对信号的传播路径产生新的影响，使得信号传播路径更加复杂，此时，RSS 分布也出现新的特征。因此，我们根据新环境下信号所表现出的与以往不同的分布特征提出了一种双峰高斯信号分布模型，能更接近信号的真实分布，较以往的基于直方图和高斯模型的定位算法表现出更好的定位性能。

4.2.1　RSS 分布特征

在以往的文献中，多数都认为 RSS 呈高斯分布，但实际上很多室内环境中 RSS 的分布并非如此，在不同时间、不同地点或同一地点、不同时间，RSS 所表现出的分布会发生较大的改变。为了验证 RSS 的分布特征，这里选取了四种不同的典型室内环境进行实验，即住宅小区、办公室、教室和商场。对于每一处的测试，都收集了超过 10000 个 RSS 样本，共涉及 424 个 AP。通过对来自所有 AP 的数据分布进行统计分析，我们总结（发现）RSS 分布具有如下特点（如图 4-9 所示）：

◇ 大约有 30% 的 RSS 分布出现明显的双峰形式，并且带有一个长长的尾巴（如图 4-9 中的虚线）。尽管信号分布出现两个峰值的特点非常明显，但这在以往的文献中并没有提到，这也是本书的主要贡献之一。

◇ 关于对 RSS 分布曲线拟合的有关研究很多，以往的很多文献里采用高斯函数拟合信号分布曲线，本实验说明高斯方程并不总是能很好地拟合 RSS 的实际分布（如图 4-9 中的实线）。

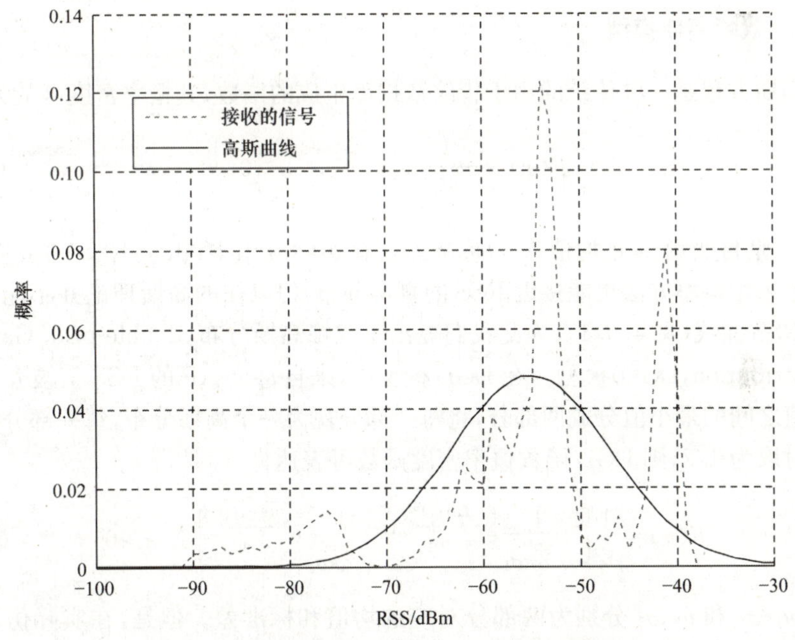

图 4-9　室内环境下 WLAN 信号分布的新特性

事实上，RSS 分布具有双峰结构并不是偶然现象，对 424 个 AP 进行逐一分析发现，有 134 个 AP 存在双峰分布形式，比例高达 32%。每一种室内环境具有此类分布特点的信号比例并不完全相同，最少为 26%，最高达到 38%。表 4-2 列出了各个环境下测得的具有双峰结构的 RSS 分布情况。这说明，在室内环境下，RSS 呈现双峰分布不是个例，出现的比例已经很高，这一现象在以往的文献中并没有被提及过。实验结果证明，采用双峰高斯模型可提高位置解算的精度，因此具有较高的理论研究价值。

表 4-2 RSS 的双峰分布测试数据

实验场所	场所面积/m^2	测试到的 AP 数量/个	呈现双峰特点的 AP 数量/个	比 例
卧 室	10	28	9	32%
办公室	45	134	35	26%
教 室	200	124	38	31%
商 场	1000	138	52	38%
总 计		424	134	平均 32%

4.2.2 双峰高斯模型

高斯方程是一种传统的用于指纹数据库生成的函数，其概率密度函数为

$$F(x)=\frac{1}{\sqrt{2\pi}\sigma}e^{-\frac{(x-u)^2}{2\sigma^2}}, \quad \sigma>0 \tag{4-1}$$

其中，x 是自变量；u 是均值；σ 为标准差。在实际应用中，由于 RSS 的多变性，理论上采用概率方法更能接近 RSS 的真实分布，但以往的高斯理论并不能完全拟合 RSS 曲线（见 4.2.1），为此我们提出了双峰高斯分布（double-peak Gaussian distribution，DGD）模型。在 DGD 模型中，来自每个 AP 的 RSS 值被介于两个峰值之间的最小值分成两部分，将每一部分视为一个高斯分布，每一部分的权重暂时取为 1/2，则 DGD 函数概率密度函数可表达为

$$F(x)=\frac{1}{2}\left[\frac{1}{\sqrt{2\pi}\sigma_1}e^{-\frac{(x-u_1)^2}{2\sigma_1^2}}+\frac{1}{\sqrt{2\pi}\sigma_2}e^{-\frac{(x-u_2)^2}{2\sigma_1^2}}\right], \quad \sigma>0 \tag{4-2}$$

其中，u_1、σ_1 和 u_2、σ_2 分别为两部分对应的均值和标准差。但是，在实际仿真过程中发现，采用 u_1 和 u_2 时，拟合的曲线与 RSS 实际分布仍然存在一定的误差。因此，在随后的实验中我们用每一部分数据的峰值代替了均值，称之为改进型双峰高斯（improved-DGD，IDGD）模型。仿真结果表明，IDGD 算法可以比 DGD 算法更加精确地拟合 RSS 实际分布。如图 4-10 所示，虚线为 RSS 实际分布，浅色实线是采用 DGD 算法拟合的曲线，而深色实线是采用 IDGD 算法拟合的曲线，可以看出，采用 IDGD 算法拟合的曲线较之采用 DGD 算法拟合的曲线更逼近 RSS 实际分布。由于这里 RSS 只取了 100 个样本，可以推出，当样本数更多时 IDGD 算法将会拟合得更好。

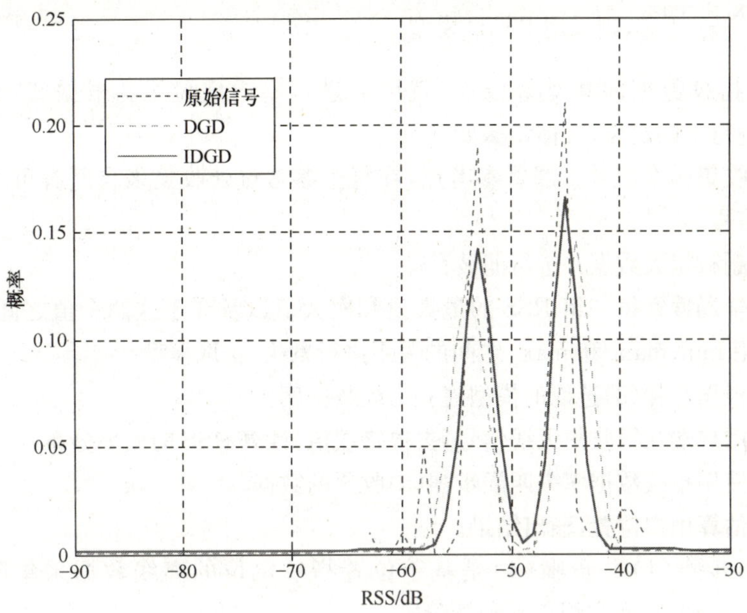

图 4-10　DGD 与 IDGD 算法拟合 RSS 分布的对比

4.2.3　基于 IDGD 的室内定位算法

实际上,RSS 并非总是呈现高斯分布或者双峰高斯分布,因此,可以联合高斯模型和 IDGD 模型拟合 RSS 曲线以建立指纹数据库。方程定义如下:

$$F(x)=\frac{1}{\sqrt{2\pi}\sigma}\mathrm{e}^{-\frac{(x-u)^2}{2\sigma^2}},\quad \sigma>0 \tag{4-3}$$

$$F(x)=\frac{1}{2}\left[\frac{1}{\sqrt{2\pi}\sigma_1}\mathrm{e}^{-\frac{(x-u_1)^2}{2\sigma_1^2}}+\frac{1}{\sqrt{2\pi}\sigma_2}\mathrm{e}^{-\frac{(x-u_2)^2}{2\sigma_1^2}}\right],\quad \sigma>0 \tag{4-4}$$

在式(4-3)中,RSS 分布为单峰,高斯函数更能接近其分布;而在式(4-4)中,RSS 分布为双峰,则采用 IDGD 的效果更好。这里存在这样一个问题,即如何判断 RSS 是属于单峰分布还是双峰分布。为此,本书定义当最小值不小于两个最大值之和的一半时采用高斯模型,否则采用 IDGD 模型。

换句话说,若定义 $\max_1$ 和 $\max_2$ 分别为 RSS 分布曲线的两个峰值,min 是介于两个峰值之间的最小值,当满足 $\min\geqslant\frac{\max_1+\max_2}{2}$ 时采用高斯模型;若满足

$\min < \frac{\max_1 + \max_2}{2}$，则采用 IDGD 模型。

位置指纹数据库建立好以后，就可以进行室内定位了。根据式(4-3)、式(4-4)进行室内定位，具体步骤如下：

(1) 收集样本信号。部署参考点，在每个参考点处收集来自所有可见 AP 的 RSS 信号。

(2) 删减粗大数据并进行滤波存储。

(3) 全局搜索每一组 RSS 的最大值和次大值以及介于这两个值之间的最小值，利用 min、$\max_1$ 和 $\max_2$ 之间的关系进行判决，选取模型。

(4) 根据步骤(3)选取的模型建立指纹数据库。

(5) 用户端在线收集无线信号，去掉错误值，计算 RSS 的概率分布。

(6) 使用指纹数据库去匹配步骤(5)收集的数据。

(7) 估算用户位置，输出结果。

其中，步骤(1)～步骤(4)是基于位置指纹定位的离线数据采集阶段，步骤(5)～步骤(7)是在线位置解算阶段。

4.3 实验结果与分析

本实验在一幢 5 层大楼的 4 层进行，面积大概为 400m^2。整个楼层有计算机机房、走廊、一个大厅、一个小休息吧和一个厕所，以及若干间办公室。在实验中，共部署 68 个参考点和 35 个随机测试点(test point，TP)。在每个参考点处接收约 40 个 RSS 样本，而在每个测试点位置接收 5～20 个 RSS 测量值。所有的数据采集都在同一个工作日完成。在线阶段的定位算法采用 WKNN ($K=3$)。实验环境如图 4-11所示，其中的“+”为参考点位置。

图 4-12 显示了不同算法的定位误差比较，可以看出，与传统的直方图、高斯模型以及本章提到的 DGD 算法相比，IDGD 算法在定位精度上有较明显的提高，平均定位精度分别提高了 42%、33%和 24%。图 4-13 比较了不同定位模型下 RSS 样本数量对定位精度的影响，可以看出，采用 IDGD 算法在样本数量为 30 左右时就可以达到其他算法需要 100 个样本时的定位精度在 2m 以内的置信概率，减少近 70%的样本计算量。

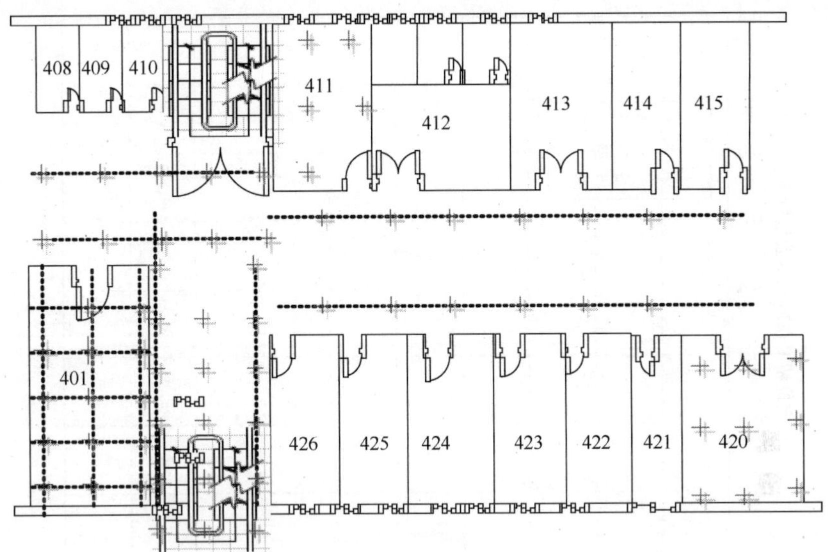

图 4-11　实验环境平面示意图

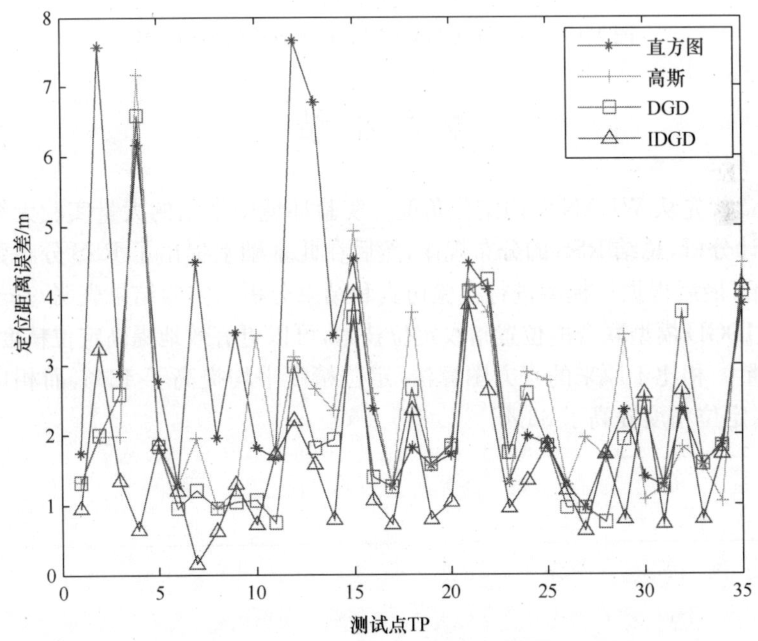

图 4-12　不同算法定位误差的比较

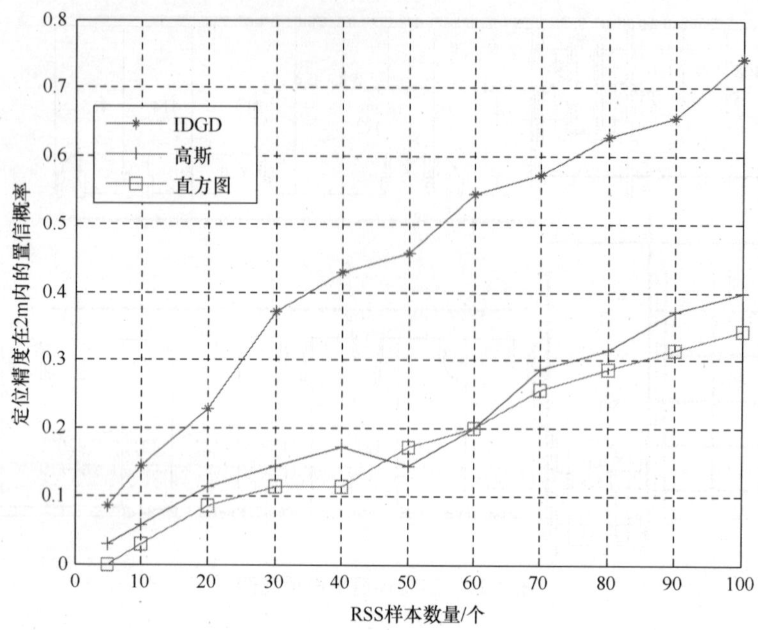

图 4-13　不同算法 2m 内定位精度置信概率的比较

本章小结

本章首先从 WLAN 室内定位角度对实验环境中采集的大量实验无线信号进行统计分析，总结 RSS 的分布规律，然后在此基础上提出了 RSS 分布数学模型 IDGD，最后根据该模型进行实验仿真和结果分析。实验结果表明，基于高斯模型和 IDGD 模型联合的位置指纹定位技术，可以更有效地提高定位精度，减少样本数量。相比于原来的直方图算法，定位精度平均提高了 42%，而相比于高斯模型，定位精度提高了 33%。

第 5 章　RSS 信号预处理

目前,WLAN 的普及已经达到前所未有的程度,我们走入任何一个公共场所,都可以利用随身携带的具有无线功能的智能接收终端(如智能手机)搜索到无线热点。而随着 WLAN 的快速普及和应用,需要室内定位的区域在不断地增加,室内的定位环境也随着范围的增大、人员的流动而发生较大的变化。一方面,由于非视距传播的影响和各种移动 AP 的介入,在固定位置上接收的来自 AP 的信号强度表现出较大的随机性,给位置指纹数据库的建立带来了极大的难度和挑战;另一方面,在线阶段实时监测到的 AP 常常与离线阶段用于建立指纹库的 AP 不一致,从而使得 AP 难以匹配。因此,选择哪些 AP 以及如何选择 AP 用于指纹定位是该领域的一个研究热点。

RSS 具有较高的随机性,加上各种因素的干扰,即使在同一位置上,不同时间的表现力也是不一样的。为减少 RSS 的随机性带来的定位误差问题,目前较流行的是用 AP 选择法或特征提取法对 RSS 进行预处理。AP 选择法的中心思想是通过某种判决准则,在已监测到的 AP 中保留位置表现力较强的 AP 用于定位。Kushki 等通过度量 AP 之间的分散度来选择 AP。研究证明,如选取恰当的 AP 用于定位,既可以降低定位误差,又可以降低定位算法的复杂度[48,118]。特征提取法则是通过将 RSS 映射至特征空间,在特征空间提取特征值用于指纹定位。典型代表是 Fang 等研究的主成分分析(principal component analysis, PCA)法、线性判决分析(linear discriminant analysis, LDA)法以及动态混合映射算法(dynamic hybrid projection, DHP)[90,14]。

理论上,可利用的 AP 个数越多,越有利于进行室内定位。在 WLAN 室内定位初期,由于每个室内环境部署 AP 的数量不多,关于 AP 选择的问题未引起科研人员的足够重视。现在为满足人们日常生活和工作的需求,绝大多数的室内环境都部署了较高密度的 AP[29],AP 数量的急剧增加(例如,在某幢大楼最多可感测到近 200 个 AP)给位置指纹的定位带来了两个突出的问题:①并不是所有 AP 的信息都有利于定位结果的产生,有些 AP 由于距离或噪声的干扰,所携带的用于定位的信息量较少,可能会导致定位精度的下降;②越多的 AP 意味着有更多的信息需要处理,这将增加计算的复杂度。因此,从感测到的 AP 中选取最有利于定位结果的 AP 子集合是新的室内环境下提高定位精度、降低定位算法复杂度的重要方法和途径。

定位算法往往需要将若干个 AP 组成集合用于定位，已有文献中的 AP 选择法往往是通过计算每个 AP 的最大信息熵来加以选择，未考虑所选择 AP 的全面性和准确性。典型的特征提取法只考虑了 RSS 信号的线性特征，没有考虑 RSS 信号的非线性特征提取，因此无法充分利用 RSS 所包含的定位信息。

本章提出的基于核函数的直接判别特征提取方法具有非常好的抽取重要特征的能力，通过联合基于信息权重增益的 AP 选择的指纹定位算法，既可提取 RSS 信号的非线性定位特征，又可充分考虑到 AP 选择的查全率和查准率，避免漏选和错选。

5.1 成分分析与核函数

在建立识别系统时，抽取的原始特征值通常比较多，相应的特征维数往往也较大，这将增加识别器的训练难度，因此常采用降低特征维数的方法来降低识别器的训练难度。这些方法称为成分分析的方法。成分分析的方法主要包括主成分分析(PCA)、线性判别分析(LDA)和独立成分分析(independent component analysis，ICA)。

(1) 主成分分析法(PCA)。PCA 算法的主要思想是先寻找出数据的主轴方向，然后用主轴构成一个新的坐标系，最后将数据从原来的坐标系投影到新的坐标系。PCA 算法的特点是将所有的样本看成一个整体，没有考虑样本的类别属性，只寻找一个具有最小均方误差的最优线性映射，但它所忽略的投影方向也许恰恰包含了重要的可分性信息。

(2) 线性判别分析法(LDA)。相对于 PCA 算法而言，LDA 算法充分保留了样本的类别可分性信息，是在可分性最大意义下的最优线性映射。

(3) 独立成分分析法(ICA)。ICA 算法最大的特点是能从混合数据中提取出原始的独立信号，试图使特征之间相互独立。而 ICA 算法去掉的是特征之间的相关性，但不相关并不等于相互独立，独立是更强的要求。

相比较而言，LDA 算法应用于 AP 子集合进行特征提取更为行之有效，LDA 算法还被称为 FDA(Fisher discriminant analysis)算法。1996 年，Belhumeur 将 LDA 算法引入到人工智能和模式识别研究领域，它是一种有效的特征提取方法。其基本思想是压缩特征空间维数和抽取分类信息，将高维模式的样本投影到最佳的鉴别矢量空间，投影后的模式样本在最佳鉴别矢量空间中有最佳的可分离性，保证了模式在新的子空间内具有最小的类内距和最大的类间距。

核函数的方法(kernel-based approaches)是将核函数的思想应用于线性学习机，从而得到非线性学习机的效果。另外，核函数隐式地将低维输入空间映射到高维特征空间，可以计算高维甚至无穷维空间 H 上的内积，不但解决了计算的问题，而且无需知道核映射 Φ 及空间 H 的具体形式，从而有效地降低维数灾难。由此可见，利用核函数可以降低计算复杂度，提高效率。

5.1.1　Mercer 定理

前面已经说过，将核函数的思想应用于线性学习机，就是通过核函数将低维输入空间映射到高维特征空间，为了实现这种对应，我们先来了解下 Mercer 定理。Mercer 定理保证了正定核函数可以和特征空间 F 中的内积一一对应[150]。令 X 为 $\mathbf{R}^n$ 上的一个紧子集，$K(x,z)$是 $X\times X$ 上的一个连续实值对称函数，积分算子 T_K 为按式(5-1)确定的在 $L_2(x)$上的积分算子，是半正定的：

$$T_K f = T_K f(\cdot) = \int_X K(\cdot,z)f(z)\mathrm{d}z,\quad \forall f \in L_2(x) \tag{5-1}$$

也就是说对 $\forall f\in L_2(x)$，有

$$\int_{X\times X} K(x,z)f(z)\mathrm{d}x\mathrm{d}z \geqslant 0 \tag{5-2}$$

则等价于 $K(\cdot,\cdot)$可表示为 $X\times X$ 的一致性收敛序列：

$$K(x,z) = \sum_{i=1}^{\infty}\lambda_i\varphi_i(x)\cdot\varphi_i(z) \tag{5-3}$$

其中，$\lambda_i>0$ 是 T_K 的特征值；$\varphi_i\in L_2(x)$是对应 λ_i 的特征函数。也等价于 $K(x,z)$是一个核函数：

$$K(x,z)=(\Phi(x)\cdot\Phi(z)) \tag{5-4}$$

其中，Φ 是 $X\in\mathbf{R}^n$ 到 Hilbert 空间 l_2 的映射：

$$\Phi: x\mapsto\Phi(x)=(\sqrt{\lambda_1}\varphi_1(x),\sqrt{\lambda_2}\varphi_2(x),\cdots) \tag{5-5}$$

$(\cdot)$是 Hilbert 空间 l_2 上的内积。

将函数 $K(x,z)$称为 Mercer 核，如果 $K(x,z)$是定义在 $X\times X$ 上的连续的对称函数，其中 X 是 $\mathbf{R}^n$ 的紧集，那么积分算子 T_K 为半正定的，且其充要条件是 $K(x,z)$关于任意 $x_1,x_2,\cdots,x_l\in X$ 的 Gram 矩阵为半正定。

核理论的研究问题之一是核函数的存在性。利用 Mercer 定理，可以构造 Mercer 映射 $\Phi: x\mapsto\Phi(x)=(\sqrt{\lambda_1}\varphi_1(x),\sqrt{\lambda_2}\varphi_2(x),\cdots)$。

满足 Mercer 定理的常用核函数有如下几个：

多项式核函数为

$$K(x,z)=(x\cdot y+1)^d,\quad d=1,2,\cdots \tag{5-6}$$

RBF(radial basis function)核函数为

$$K(x,z)=\exp\left(-\frac{\| x-y \|^2}{2\sigma^2}\right) \tag{5-7}$$

Sigmoid 核函数(b、c 为常数)为

$$K(x,z)=\tanh[b(x\cdot y)-c] \tag{5-8}$$

5.1.2 基于核的 Fisher 判别分析

1999 年,Mika 等提出了基于核的 Fisher 判别分析方法[151]。设两类 d 维样本为 $x^1=\{x_1^1,\cdots,x_{n1}^1\}$,$x^2=\{x_1^2,\cdots,x_{n2}^2\}$,$n=n1+n2$。Fisher 判别分析的原理是将 d 维 x 空间的样本映射成一维空间点集,这个一维空间的方向就是相对于 Fisher 准则 $J(W)$为最大时的 W 值:

$$J(W)=\frac{W^{\mathrm{T}}S_BW}{W^{\mathrm{T}}S_WW} \tag{5-9}$$

式中,S_B 为样本类间离散度矩阵;S_W 为样本类内离散度矩阵:

$$\begin{aligned} S_B &= (M_1-M_2)(M_1-M_2)^{\mathrm{T}} \\ S_W &= \sum_{i=1}^{2}\sum_{x\in x^i}(x-M_i)(x-M_i)^{\mathrm{T}} \end{aligned} \tag{5-10}$$

其中,M_1 和 M_2 分别为类间离散度和类内离散度的均值。令 $W=\sum_{i=1}^{n}\alpha^i x^i$ 并代入式(5-9),用核函数 $K(x,x^i)=(\Phi(x)\cdot\Phi(x^i))$ 代替点积 $x\cdot x^i$,则有

$$J(\alpha)=\frac{\alpha^{\mathrm{T}}M\alpha}{\alpha^{\mathrm{T}}N\alpha} \tag{5-11}$$

式中,$M=(M_1-M_2)(M_1-M_2)^{\mathrm{T}}$

$$(M_i)_j=\frac{1}{n_i}\sum_{K=1}^{n_i}K(x_j,x_K^i),\quad i=1,2;j=1,\cdots,n_i$$

$$N=\sum_{i=1}^{2}K^i(l-h^i)(K^i)^{\mathrm{T}}$$

$$(K^i)_{pq}=K(x_P,x_q^i),\quad i=1,2;p=1,\cdots,n;q=1,\cdots,n_i$$

其中,l 为单位矩阵;h^i 的所有项均为 $1/n_i$,$i=1,2$;可得 $\alpha=N^{-1}(M_1-M_2)$。为保证 N^{-1}的计算,往往用 $N+ul$ 代替 N,u 为正整数。映射可表示为

$$W \cdot \Phi(x) = \sum_{i=1}^{n} \alpha_i (x_i, x) \tag{5-12}$$

下面是 LDA 算法的实现步骤。

(1) 利用训练样本集合计算类内离散度矩阵 S_W 和类间离散度矩阵 S_B。

(2) 计算 $S_W^{-1} S_B$ 的特征值。

(3) 选择非零的 $c-1$ 个特征值对应的特征矢量作成一个变换矩阵 $W=[w_1, w_2, \cdots, w_{c-1}]$。

(4) 在训练和识别时,将每个输入的 d 维特征矢量 x 转换为 $c-1$ 维的新特征矢量 y:$y=W^{\mathrm{T}}x$。

5.1.3 核直接判别分析法(KD-LDA)

Yu 等[153]提出的直接判别分析(direct LDA,D-LDA)算法认为:若类间的离散度为非零,那么去除类间的离散度矩阵零空间基本不会丢失判别信息,但类内的离散度矩阵零空间含有一定量的判别信息。所以,可通过类内的离散度矩阵 S_W 的零空间和类间的离散度矩阵 S_B 的非零空间的交集来寻找最优判别特征向量。该算法克服了已有算法因去除类内离散度矩阵零空间而引起的分类判别能力降低的问题。因此,基于核函数的 D-LDA(即 KD-LDA)可以有效地提取 RSS 的定位特征值。

设 d 维 RSS 样本空间 $r=\{r_1, \cdots, r_n\}, r \in \mathbf{R}^d$。$\mathbf{R}^d$ 为由 d 个 AP 组成的 RSS 样本空间。将 r 映射至高维非线性空间:$r \in \mathbf{R}^d \to \Phi(r) \in F$, F 为特征空间。利用 5.1.2 节介绍的 Fisher 判别准则来寻找最具判别能力的特征值表达式:

$$W_{\mathrm{opt}} = \operatorname{argmax} \frac{|W^{\mathrm{T}} S_B W|}{|W^{\mathrm{T}} S_W W|} = [w_1, w_2, \cdots, w_n] \tag{5-13}$$

式中,S_B 为样本类间离散度矩阵:

$$S_B = \frac{1}{C} \sum_{i=1}^{C} (M_i - M)(M_i - M)^{\mathrm{T}} \tag{5-14}$$

S_W 为样本类内离散度矩阵:

$$S_W = \frac{1}{L} \sum_{i=1}^{C} \sum_{t=1}^{n} (\Phi(r_i(t)) - M_i)(\Phi(r_i(t)) - M_i)^{\mathrm{T}} \tag{5-15}$$

这里,$M_i = \frac{1}{n} \sum_{t=1}^{n} \Phi(r_i(t))$ 表示在第 i 个参考点 L_i 上对应 C_i 类的均值;$M = \frac{1}{C} \sum_{i=1}^{C} M_i$ 表示在第 i 个参考点 L_i 上对应所有类别的中心;$r_i(t)$ 表示第 i 个参考点 L_i

上的第 t 个 RSS 向量样本；n 表示第 i 个参考点 L_i 上的 RSS 向量样本数量；C 表示整个定位目标区域中总的参考点数目(总类别数)；$L=n\times C$ 表示 RSS 样本总数。

下面用 D-LDA 算法来求解式(5-13)的最优解，即提取 RSS 中最具判别能力的定位特征值。如前所述，我们可以通过求解 S_B 的非零空间和 S_W 的零空间交集来实现 D-LDA 的最优解。

将式(5-14)变换为

$$\begin{aligned} S_B &= \sum_{i=1}^{C}\left[\sqrt{\frac{1}{C}}(M_i-M)\right]\left[\sqrt{\frac{1}{C}}(M_i-M)\right]^{\mathrm{T}} \\ &= \sum_{i=1}^{C} M_i'(M_i')^{\mathrm{T}} = M_b M_b^{\mathrm{T}} \end{aligned} \tag{5-16}$$

其中，$M_i'=\sqrt{\frac{1}{C}}(M_i-M)$；$M_b=[M_1',\cdots,M_C']$。因为核特征空间 F 的维数通常非常大，甚至为无穷大，所以直接求解 S_B 的特征值非常不现实。若借助式(5-16)，即可将空间维数降为 $C\times C$，通过求解 $M_bM_b^{\mathrm{T}}$ 的特征向量来得到 S_B 的前 m($m\leqslant C-1$)个最具判别能力的特征向量。

1. 求解 S_B 的非零空间

假设 λ_i 和 e_i($i=1,2,\cdots,C$)分别是 $M_bM_b^{\mathrm{T}}$ 的第 i 个特征值和对应的特征向量，$\lambda_1\geqslant\lambda_2\geqslant\cdots\geqslant\lambda_C$。令 $v_i=M_be_i$ 为 S_B 的特征向量，则

$$(M_bM_b^{\mathrm{T}})(M_be_i)=\lambda_i(M_be_i)=\lambda_i v_i \tag{5-17}$$

求解 S_B 的非零空间，等价于保留 S_B 最大的 m 个特征值 $\lambda_1,\cdots,\lambda_m$ 所对应的 m 个特征向量 V：$V=[v_1,\cdots,v_m]=M_b[e_1,\cdots,e_m]$，$V$ 的约束条件为

$$\begin{cases} V^{\mathrm{T}}S_BV=\Lambda_b \\ \Lambda_b=\mathrm{diag}[\lambda_1,\cdots,\lambda_m] \end{cases} \tag{5-18}$$

$\Lambda_b=\mathrm{diag}[\lambda_1,\cdots,\lambda_m]$是一个 $m\times m$ 的对角矩阵。m 值越大，意味着该特征向量包含的类间判别信息量越多。但当 m 过大时，一方面会增加计算量，另一方面也可能引入过多的类间判别信息量较小的特征向量。文献[153]定义了一个阈值 η，表示 m 个特征向量所包含的判别定位信息量之和占总信息量的比例，其值为 85%～95%。本文考虑到当 C 值较小时 m 个特征向量贡献相同的情况，将此阈值 η 设为 85%～100%，则 m 的判决表达式为

$$\left[\sum_{i=1}^{m}\lambda_i \Big/ \sum_{i=1}^{c}\lambda_i\right] \geqslant \eta \tag{5-19}$$

2. 建立 S_B 的非零空间与 S_W 的零空间交集

令 $U=V\Lambda_b^{-\frac{1}{2}}$，将 S_B 和 S_W 映射至 U 生成的子空间，则

$$U^{\mathrm{T}}S_BU=I \tag{5-20}$$

将矩阵 $U^{\mathrm{T}}S_WU$ 对角化，获得其前 $M(M\leqslant m)$ 个最小特征值 $\lambda_1',\cdots,\lambda_M'$ 对应的 M 个特征向量 P：$P=[p_1,\cdots,p_M]$。令 $Q=UP$，则

$$Q^{\mathrm{T}}S_WQ=\Lambda_w \tag{5-21}$$

其中，$\Lambda_w=\mathrm{diag}[\lambda_1',\cdots,\lambda_M']$ 是一个 $M\times M$ 对角矩阵。M 的物理含义是 M 个特征值最小的特征向量的方向。其值越小，说明该方向上的类内方差越小，越有利于提取稳定的定位特征。但若 M 过小，也可能在去掉噪声的同时去掉一些有用的判别信息。可见，M 的选取较之 m 更难，因为 M 的范围 $(M\leqslant m)$ 更小，所以每一个值的权重就更大。这里，M 的选取采用文献[153]的方法，进行离线阶段的交叉验证来确定。

3. 求解最优判别基向量

令归一化最优判别基向量为 $\Gamma=Q\Lambda_w^{-\frac{1}{2}}=[\Gamma_1,\cdots,\Gamma_M]$，则对于 $\forall r$（r 为 RSS 输入向量），D-LDA 变换提取其定位特征可表示为 $\Omega=f(r)=\Gamma^{\mathrm{T}}\cdot\Phi(r)$。$\Omega=[\Omega_1,\cdots,\Omega_M]^{\mathrm{T}}$ 是 M 维定位特征向量。用核技术将 D-LDA 表示为

$$f(\cdot)=\Theta\cdot\Psi(\Phi(\cdot)) \tag{5-22}$$

其中，Θ 为 $M\times L$ 矩阵；$\Psi(\Phi(\cdot))=\frac{1}{\sqrt{L}}[K_1(r_1(1),\cdot),\cdots,K_1(r_C(1),\cdot)]^{\mathrm{T}}$ 是 L 维核向量；$K_1(\cdot,\cdot)$ 为对应的核函数；M 为定位特征维数。前面提到常用的核函数有三类，其中径向基函数 RBF 是一个取值仅仅依赖于与原点距离的实值函数。

5.2　基于信息增益权重的 AP 选择算法

信息增益(information gain，IG)是机器学习领域广泛采用的一种方法，它

通过某一维特征对正确分类数据提供的有用信息量的多少进行特征选择,信息量越多,贡献就越大,该特征就越有用[154]。对于一个系统而言,该特征的存在与否,对应的信息量是不同的,两种情况的信息量之差就是这个特征给系统带来的信息量(有时也把信息量称为熵)。

5.2.1　信息增益权重准则

假设 D 为数据集合,F 为特征集合:$F=\{f_1,f_2,\cdots,f_{|F|}\}$,$C$ 为类别集:$C=\{c_1,c_2,\cdots,c_{|C|}\}$。同时假设 $C(c_k,f_i)$ 为 c_k 的训练例中包含的特征 f_i 的数量,$|c_k|$ 为 c_k 的训练例个数,$C(c_k,\overline{f_i})$ 为 c_k 的训练例中不包含 f_i 的训练例个数,$C(D,f_i)$ 为集合 D 中包含 f_i 的总个数,$C(D,\overline{f_i})$ 为集合 D 中不包含 f_i 的个数。定义 f_i 对集合 D 的信息增益为[155]

$$G(D,f_i)=E(D)-\sum_{v\in\{0,1\}}(D_v/D)E(D_v) \tag{5-23}$$

其中,$i=1,2,\cdots,|F|$;$E(D)$ 为集合 D 的熵;$E(D_v)$ 为 D_v 的熵,D_v 为一中间变量。那么,信息增益计算公式可表示为

$$\begin{aligned}G(D,f_i)=&-\sum_{c_k\in C}p(c_k)\log_2 p(c_k)+p(\overline{f_i})\sum_{c_k\in C}p(c_k/\overline{f_i})\log_2 p(c_k/\overline{f_i})\\&+p(f_i)\sum_{c_k\in C}p(c_k/f_i)\log_2 p(c_k/f_i)\end{aligned} \tag{5-24}$$

$G(D,f_i)$ 的物理含义是用 f_i 分割集合 D 导致期望熵降低的程度。此值越大,表明 f_i 对分类越有用,则 f_i 要被当做特征值选出来。因此,通常希望 $G(D,f_i)$ 值越大越好,也就是说让 $E(D)$ 取较大值,$(|D_0|/|D|)E(D_0)$ 和 $(|D_1|/|D|)E(D_1)$ 取较小的值。

可以证明,当且仅当 $p(c_i)=1/|C|$ 时,$E(D)$ 有最大值为 $\log_2|C|$,其反映了各类别训练例个数的均等程度。

$E(D_0)$ 反映的是 D_0 在各类别中分布的混乱程度,其最小值为 0。当且仅当满足下列条件的特征分布可以提高分类器在 c_k 上的查准率,条件为:

$$p(c_k/\overline{f_i})=\begin{cases}1, & C(c_k/\overline{f_i})=C(D,\overline{f_i})\\0, & C(c_k/\overline{f_i})\neq C(D,\overline{f_i})\end{cases} \tag{5-25}$$

因为 $p(c_k/\overline{f_k})=C(c_k,\overline{f_i})/C(D,\overline{f_i})$,只有当 $C(c_k/\overline{f_i})=C(D,\overline{f_i})$ 时,$p(c_k/\overline{f_i})=1$。证明完毕。这也意味着存在且只存在一个类别 c_k,其训练例中都不包含 f_i,而其他类别中都包含 f_i。这种情况下,f_i 使其他类别中的新类别不易被错判为 c_k,但也使得其他类别内部容易混淆。

$E(D_1)$反映的是 D_1 在各类别中分布的混乱程度。其最小值为 0。当且仅当满足下列条件的特征分布能够提高分类器在 c_k 上的查全率，条件为：

$$p(c_k/f_i)=\begin{cases}1, & C(c_k/f_i)=C(D,f_i)\\0, & C(c_k/f_i)\neq C(D,f_i)\end{cases} \tag{5-26}$$

同理，因为 $p(c_k/f_k)=C(c_k,f_i)/C(D,f_i)$，只有当 $C(c_k/f_i)=C(D,f_i)$时，$p(c_k/f_i)=1$。证明完毕。这也意味着存在且只存在一个类别 c_k，其训练例中都包含 f_i，而其他类别中都不包含 f_i。

由于$|D_0|$通常比$|D_1|$要大得多，因此，$G(D,f_i)$过分强调了 $E(D_0)$的作用。在分类类别比较相近的情况下，$E(D_0)$会使在其他类别中经常出现而在某一个类别中出现次数不多的特征被选出来，而不倾向于选取在其他类别中出现较少而在某一个类别中出现较多的特征，这明显不是算法所期望的结果。为了平衡$|D_0|$和$|D_1|$对于 IG 值的影响程度，文献[156]做了如下修正：

$$\begin{aligned}G(D,f_i) = &-\sum_{c_k\in C}p(c_k)\log_2 p(c_k)\\&+\alpha p(\overline{f_i})\sum_{c_k\in C}p(c_k/\overline{f_i})\log_2 p(c_k/\overline{f_i})\\&+\beta p(f_i)\sum_{c_k\in C}p(c_k/f_i)\log_2 p(c_k/f_i)\end{aligned} \tag{5-27}$$

式中，$\alpha+\beta=1$。α、β值的大小分别与查准率和查全率成正比。在分类类别较相近的情况下，建议将 α 取值相对小一些。基于此，可将权重系数 α 取值为 0.2～0.3，而 β 取值为 0.7～0.8。

5.2.2　信息增益计算

在 WLAN 指纹定位中，我们用 $H(L)$表示位置变量 L 的熵值，用 $p(L_j)$表示在第 j 个参考点 L_j 处的先验概率，若共有 N 个参考点，则可定义：

$$H(L) =-\sum_{j=1}^{N}p(L_j)\log_2 p(L_j) \tag{5-28}$$

用 $H(L|\text{AP})$表示 L 在 AP 存在（也就是已知 RSS 信号）情况下的熵值：

$$H(L \mid \text{AP}_i) =-\sum_{v}p(L_j,\text{AP}_i = v)\sum_{j=1}^{N}p(L_j \mid \text{AP}_i = v)\log_2 p(L_j) \tag{5-29}$$

其中，v 为来自 AP_i 的所有 RSS 集合；$p(L_j|\text{AP}_i=v)$为已知来自 AP_i 的 RSS 为 v 时位置 L_j 处的条件概率，定义为

$$p(L_j \mid \mathrm{AP}_i = v) = \frac{p(\mathrm{AP}_i = v \mid L_j) P(L_j)}{p(\mathrm{AP}_i = v)} \tag{5-30}$$

$p(\mathrm{AP}_i=v|L_j)$是位置 L_j 处 AP_i 的 RSS 信号概率分布，该值可通过式(5-10)得到。在一些参考点处，可能由于受到传输条件的限制而无法接收到来自某个 AP 的信号，本书在这种情况下设置 RSS 值为 -95dBm。

位置变量 L 和第 i 个接入点 AP_i 之间的信息增益可以表示为

$$\mathrm{IG}(L \mid \mathrm{AP}_i) = H(L) - H(L \mid \mathrm{AP}_i) \tag{5-31}$$

假设集合 D 为用于定位的 AP 集合：$D=\{\mathrm{AP}_1, \mathrm{AP}_2, \cdots, \mathrm{AP}_d\}$，$d$ 为用于定位的 AP 个数，则 D 集合的信息增益可由下列方程求解：

$$\mathrm{IG}(\mathrm{AP}_1, \cdots, \mathrm{AP}_d) = H(L) - H(L \mid \mathrm{AP}_1, \cdots, \mathrm{AP}_d) \tag{5-32}$$

$$\begin{aligned} H(L \mid \mathrm{AP}_1, \cdots, \mathrm{AP}_d) = - \sum_{v_1} \cdots \sum_{v_d} \sum_{j=1}^{N} [\, & p(L_j, \mathrm{AP}_1 = v_1, \cdots, \mathrm{AP}_d = v_d) \\ & \times \log_2 p(L_j \mid \mathrm{AP}_1 = v_1, \cdots, \mathrm{AP}_d = v_d)] \end{aligned} \tag{5-33}$$

$$p(L_j \mid \mathrm{AP}_1 = v_1, \cdots, \mathrm{AP}_d = v_d) = \frac{p(\mathrm{AP}_1 = v_1, \cdots, \mathrm{AP}_d = v_d \mid L_j)}{p(\mathrm{AP}_1 = v_1, \cdots, \mathrm{AP}_d = v_d)} \tag{5-34}$$

由于在固定参考点处来自不同 AP 的 RSS 可以假设为互相独立的[75]，式(5-34)可进一步进行变换：

$$p(\mathrm{AP}_1 = v_1, \cdots, \mathrm{AP}_d = v_d \mid L_j) = \prod_{i=1}^{d} p(\mathrm{AP}_i = v_i \mid L_j) \tag{5-35}$$

$$p(\mathrm{AP}_1 = v_1, \cdots, \mathrm{AP}_d = v_d) = \sum_{j=1}^{C} p(\mathrm{AP}_1 = v_1, \cdots, \mathrm{AP}_d = v_d \mid L_j) p(L_j) \tag{5-36}$$

尽管随着接入点和参考点数量的增加，AP 集合的信息增益的计算量也会显著增加，但是对于一个特定的目标定位区域来说，AP 数量不会无限增多。事实也证明，虽然减小参考点的间隔可以增加定位精度，但这种正比关系在参考点间隔一定小时对定位精度的改善就不那么明显了。另外，该过程是在离线阶段完成的，如今的大数据和云存储计算等技术为数据的存储和计算提供了充足的条件，因此，计算量问题并不是突出的难题。

5.3 联合核直接判别和 AP 选择的定位算法

简单地说，联合核直接判别和 AP 选择(KD-LDA-AP)的定位算法就是在离线阶段利用信息增益权重(IGW)准则进行 AP 选择,并在此基础上采用 KD-LDA 特征提取算法提取最具判别能力的定位特征。该算法的优点如下:

(1) 可以通过 AP 选择算法去掉某些不可靠的 AP(具有较大干扰信号的 AP),并通过信息增益权重准则有效调节 AP 信息熵的贡献力,兼顾 AP 选择的查全率和查准率。

(2) KD-LDA 特征提取算法将 RSS 映射至相关空间,可以有效拓展D-LDA 算法的非线性空间,获取非线性定位特征。

(3) 通过 KD-LDA-AP 算法可明显减少数据采集量,降低工作量和定位解算复杂度,有效提高定位精度。

KD-LDA-AP 算法的实现步骤描述如下:

(1) 采集数据。确定目标定位区域,部署参考点的数量和位置,在每一个参考点处接收来自所有可见 AP 的信号,并将 RSS 值进行存储,建立原始指纹数据库。

(2) 进行聚类分块,建立子指纹数据库。详细内容将在第 6 章进行讨论。

(3) 根据 IGW 策略,进行 AP 选择。具体算法参考 5.2 节。

(4) 根据 KD-LDA 算法提取最具判别能力的定位特征,建立实用的指纹数据库。具体算法过程见 5.1 节。

(5) 在步骤(4)的基础上进行 SVR 学习,建立定位解算函数。这部分内容将在第 6 章进行阐述。

5.4　实验结果与分析

在如图 4-11 所示的实验环境下,选择 401 房间进行实验验证,此房间大小约 90m^2(长 10m,宽 9m),实验室内共有 24 台计算机(在测试的时候均处于关机状态),在门后有一个小的实验员更衣室,无其他障碍物。实验室中可感测到 46 个 AP,均匀部署了 90 个参考点、35 个随机测试点,如图 5-1 所示。在每个参考点上采集信号样本约 40 个,每个测试点接收实时样本 5～20 个。参考点上的数据在一周的 5 个工作日上午的 9 点到 11 点进行采集,选取 5 组数据中每个参考点上最接近的 3 组数据的平均值作为参考点的 RSS 参考值。测试点上只是采集一次数据作为测试数据,为了模拟实际应用情况,测试点样本与训练样本的采集时间段相同,区别在于测试数据分散在不同工作日采集得到。为了获得各个方向上的信号,在数据采集时接收器均围绕参考点或测试点处匀速旋转一周。

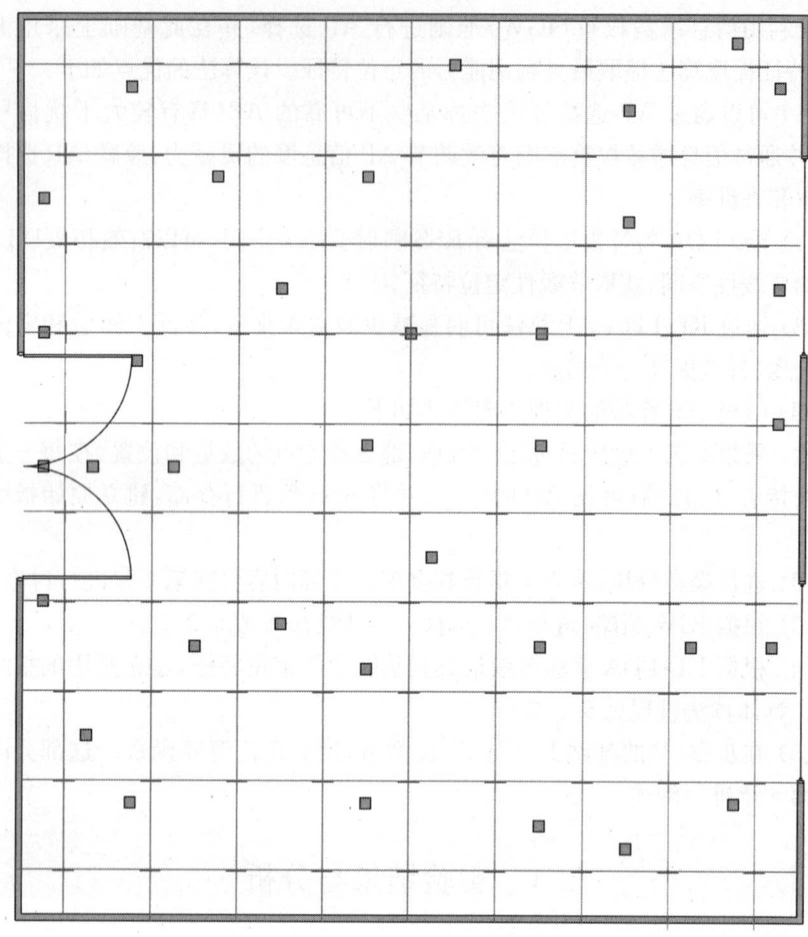

图 5-1　用于联合 KD-LDA 与 IGW-AP 算法实验验证的参考点和测试点部署图

5.4.1　AP 选择算法分析

本书所采用的基于信息增益权重准则的 AP 选择算法(IGW-AP),不仅可以有效去除噪声较大的 AP,还可以通过调整权重系数兼顾 AP 的查全率和查准率,达到降低计算复杂度、提高定位精度的目的。为了说明本算法的优越性,我们借鉴文献[153]的方法,将信息增益(information gain,IG)的选择算法[86]、基于 RSS 最大均值(max mean,MM)的 AP 选择算法[30]和随机(random)AP 选择算法作为对比对象进行了比较。特征为分类系统带来的信息多少是衡量信息增益的重要指标,带来的信息越多,说明该特征越重要。因此,IG 算法实际上是寻找具有最大信息熵的若干个 AP,而 MM 算法就是要找出 RSS 平均值最大的若干个 AP。Random 算法分为完全随机方法和概率随机方法两种，这里采用完全随机方法，也就是对实时接收的来自所有 AP 的信息进行分析。由于只关心 AP 选择算法对定位精度的影响，因此位置解算方法仍然采用 WKNN ($K=3$)算法。

实验比较了不同 AP 选择算法的定位精度在 2m 以内的概率累积分布与所用 AP 数量的关系，结果如图 5-2 所示，从中可以得出如下结论。

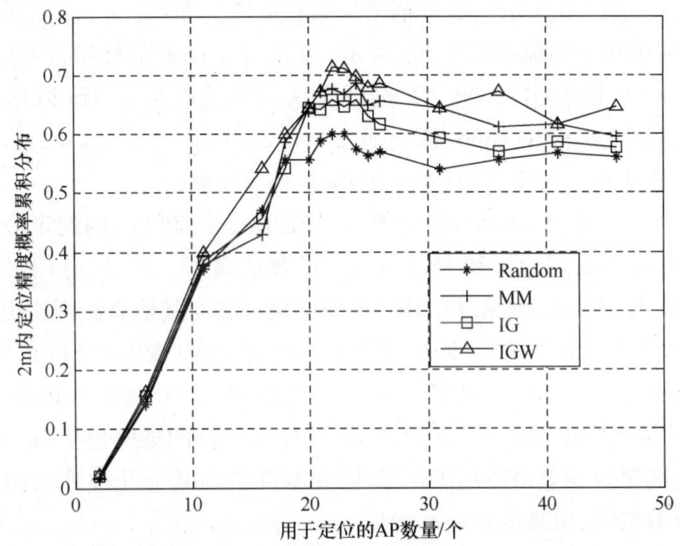

图 5-2　不同 AP 选择算法的定位精度在 2m 以内的概率累积分布与 AP 数量的关系

(1) 理论上，在定位解算时 AP 数量越多越有利于定位精度的提高，但这种情况随着室内环境中大量 AP 的部署已经发生了变化，当 AP 达到一定数量时，系统的定位性能不会无限制地提高，相反，由于一些携带较大噪声信息的 AP 的介入，可能会给系统的定位性能带来不利影响。本实验中，当 AP 的数量超过 25 个以后，增加的 AP 并未给系统带来定位精度的改善，因此，此时进行 AP 选择是必要的。

(2) 当 AP 数量不足够多时，系统的定位精度确实随着 AP 数量的增加而递增，且各种 AP 选择算法对定位精度的贡献并无太大差异。也就是说，在 AP 数量不多且对定位精度要求不是非常高的情况下，可以不必考虑 AP 选择，否则可能增加系统的计算量。

(3) 从曲线变化可以看出，无论哪种 AP 选择算法，在定位性能上都要优于 Random 算法，即使是在 AP 数量较少时(尽管没有太大优势)，这也说明了 AP 选择的必要性，尤其是当前在任何一个公共热点我们能搜索到的 AP 数量达到几十个甚至上百个的情况。

(4) 对于每种算法,2m 以内定位精度累积概率达到最高时的 AP 数量大致都为 20～25 个,也就是说可以去掉约十几个冗余的 AP,从而达到降低维度、提高算法效率的目的。

接下来选取使图 5-2 中每种算法的 2m 以内定位精度概率达到最大值时的 AP 值,也就是在每种算法的最优 AP 组合情况下,分别比较不同算法的定位精度分布概率(如图 5-3 所示)、定位精度的累积概率分布(如图 5-4 所示)、定位误差的最大/最小和平均值(如图 5-5 所示)以及定位误差的标准差(如图 5-6 所示)。从图 5-3 可以看出,IGW-AP 选择算法的定位精度在 1m 以内的概率为 34.3%,而 IG、MM 和 Random 算法则分别为 25.7%、20%和 14.3%,这表明本书提出的算法实现高精度定位(亚米级)的准确率更高。

从图 5-4 可以看出,IGW-AP 选择算法在 1m、2m 和 3m 内的定位精度置信概率分别为 34.3%、71.4%和 88.6%,比 IG 算法高 33.5%、8.6%和 10.6%,比 MM 算法高 71.5%、4.1%和 19.2%,这表明该算法与其他算法相比更能实现小误差定位(误差在 3m 以内)。IGW 算法在小误差定位(误差在 3m 以内)置信概率方面比 Random 算法高出更多,这也再一次表明了 AP 选择的必要性。另外,IGW 算法的最大定位误差在 5m 以内,并且有 88.6%的概率是在 3m 以内,而其他几种算法的定位误差最高达 8m 多,因此本算法与其他几种算法相比具有更小的定位误差范围、更高的定位准确度。

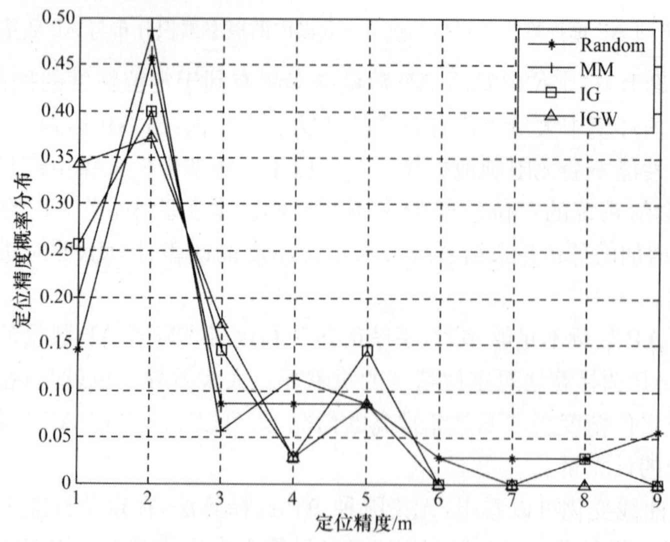

图 5-3　最优 AP 集合情况下各种算法的定位精度概率分布

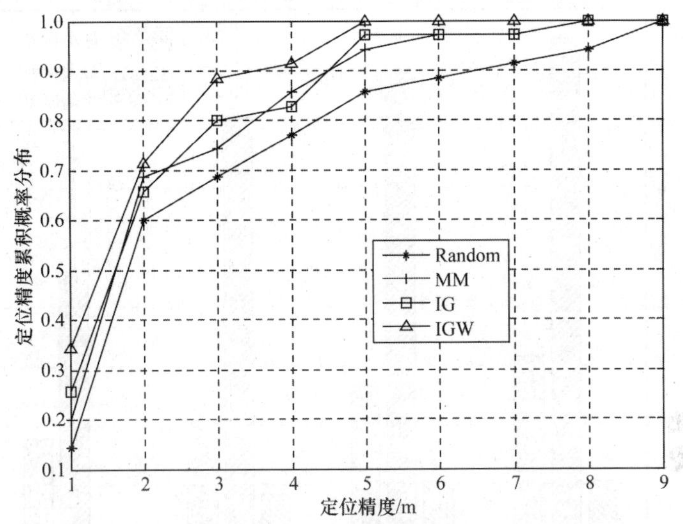

图 5-4　最优 AP 集合情况下各种算法的定位精度累积概率分布

图 5-5 显示了在最优 AP 集合情况下各种算法的最大、最小和平均定位误差，可以看出，IGW 算法的最大、最小定位误差都低于其他几种算法，并且其定位误差范围也远远小于其他算法。实际上，本书实验中提到的基于 IGW 算法的 AP 选择的定位技术的误差范围为 0.18～4.58m，而 Random、MM 和 IG 算法的误差范围分别为 1.04～8.5m、1.04～7.32m 和 0.82～7.96m。IGW 算法的平均定位误差为 1.77m，较 IG、MM 和 Random 算法分别下降了 23.7%、33%和 43.8%。图 5-3～图 5-5 充分说明，无论在定位精度、定位误差范围还是小误差定位的置信概率方面，IGW 算法相对于本书中用于比较的其他几种流行算法来说都是最好的。

图 5-6 显示了几种 AP 选择算法的定位误差标准差。标准差用来反映一个数据集的离散程度，其值越大，说明数据越分散；具有相同平均数的数据集未必有相同的标准差；平均值小的标准差未必小，但平均值和标准差都小的数据一般可以认为分布较集中。从图 5-6 上可以看出，IGW 算法的定位误差的标准差具有最小值，而其平均值也最小，因此说该算法对于每个测试点上的定位误差集合是集中的，这与本算法具有较小的定位误差范围是一致的。

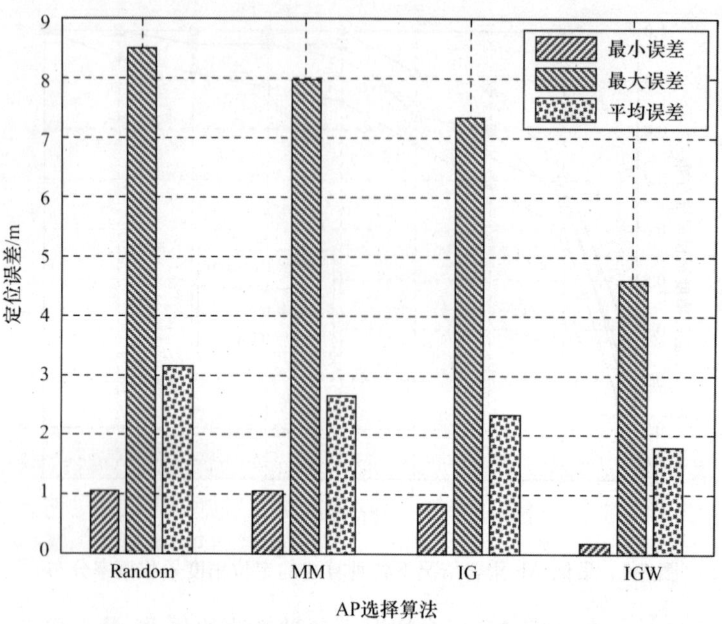

图 5-5　最优 AP 集合情况下各种算法的最大、最小和平均误差比较

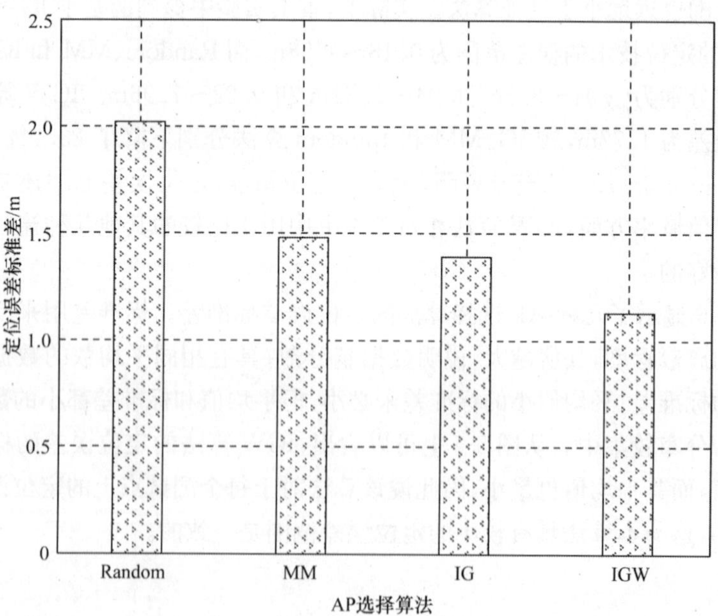

图 5-6　最优 AP 集合情况下各种算法的定位误差标准差比较

5.4.2　特征选择算法分析

本节主要分析书中提出的 KD-LDA 定位特征选择算法的特点。本次实验仿真仍然选择如图 5-1 所示的实验环境，选取 PCA 和 LDA 算法作为主要比较对象来与书中提出的 KD-LDA 算法进行对比，以说明本算法较之基本的成分分析法的优越性。为了说明定位特征提取算法的必要性，本书也将基于原始 RSS 信号进行定位(暂且称为 RSS 算法)的结果作为比较对象。

在 WKNN(K=3)算法下采用不同定位特征提取算法进行实验，得到的定位精度概率分布如图 5-7 所示。横坐标单位是 m，纵坐标单位是归一化百分比，图上各点分别表示定位精度在 0～1m、1～2m、2～3m、3～4m、4～5m、5～6m、6～7m、7～8m 以内的概率。可以看出，KD-LDA 算法定位精度在 1m 以内的置信概率明显高于其他三种算法，最大定位误差为 5m，而其他几种算法的最大误差高达 7～8m。虽然 KD-LDA 算法的 1～2m 的定位精度置信概率明显低于另外三种算法，但这并不能说明该算法 2m 以内的定位精度比其他算法差，存在这种现象的原因是本算法误差在 1m 以内的分布概率明显高于其他算法，故定位精度在 1～2m 范围的分布比例减少，事实上，定位精度在 2m 以内的置信概率要比其他几种算法高，这点可以从图 5-8 看出。

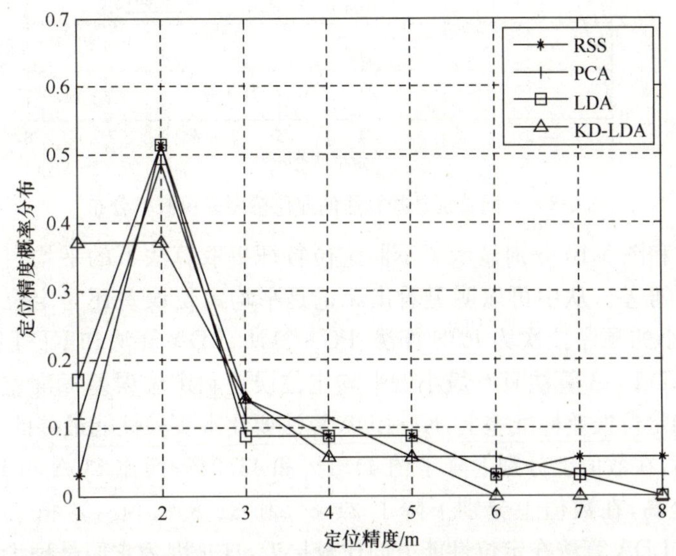

图 5-7　不同特征选择算法的定位精度概率分布

图 5-8 显示了在 WKNN(K=3)算法下采用不同定位特征提取算法的实验定位精度累积概率分布。其中，横坐标单位是 m，纵坐标单位是归一化百分比，

各点表示精度在 n 米($n=1,2,3,4,5,6,7,8$)以内的概率分布。可以看出,KD-LDA 算法在定位精度上明显高于其他几种算法。此处提出的 KD-LDA 算法在 1m 以内的定位精度置信概率为 37.1%,而 LDA、PCA 和 RSS 算法在 1m 以内的置信概率分别为 17.1%、11.4%和 2.9%。KD-LDA 算法在 2m 以内的置信概率为 74.3%,其他三种算法依次为 68.6%、60%和 54.3%。KD-LDA、LDA、PCA 和 RSS 算法的定位精度在 3m 以内的置信概率分别为 88.6%、77.1%、71.4%和 68.6%。另外,KD-LDA 算法的最大误差为 5m(实际上本实验是 4.122m)以内,而其他三种算法的最大误差为 7~8m。

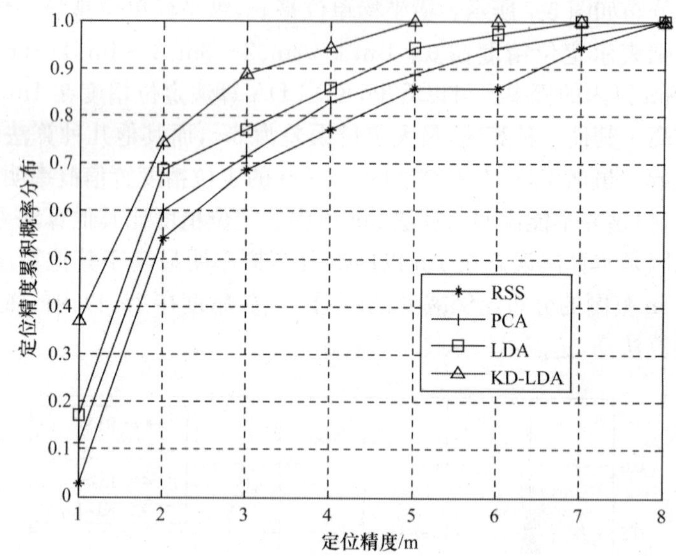

图 5-8　不同特征选择算法的定位精度累积概率分布

图 5-9 和图 5-10 分别显示了不同定位特征提取算法下的平均定位误差和定位误差标准差。从中可以明显看出无论是平均定位误差还是定位误差标准差,由大到小的顺序依次为 RSS 算法、PCA 算法、LDA 算法和 KD-LDA 算法,也就是说 KD-LDA 算法具有最小的平均定位误差和定位误差标准差。在平均定位误差和定位误差标准差上,KD-LDA 算法要比本实验性能最差的 RSS 算法有显著提高,在数值上分别下降了约 44.1%和 43.9%;而比 PCA 和 LDA 算法也有明显提高,在数值上分别下降了 21.8%和 31.8%、14.1%和 24.3%。另外,PCA 和 LDA 算法在定位性能方面比较接近,这是因为它们是理论非常相近的两种线性成分分析法。既然各种特征提取算法在性能上都优于 RSS 算法,那么也说明了对 RSS 进行定位特征提取的必要性。由于 KD-LDA 算法将 RSS 信号进行核映射,提取了其中一些有用的非线性特征,能更全面和有效地利用

RSS 信息，从而不仅提高了定位的精度，在定位误差范围方面也有了很大的改善，由原来的 0～8m 提高到现在的 0～5m。

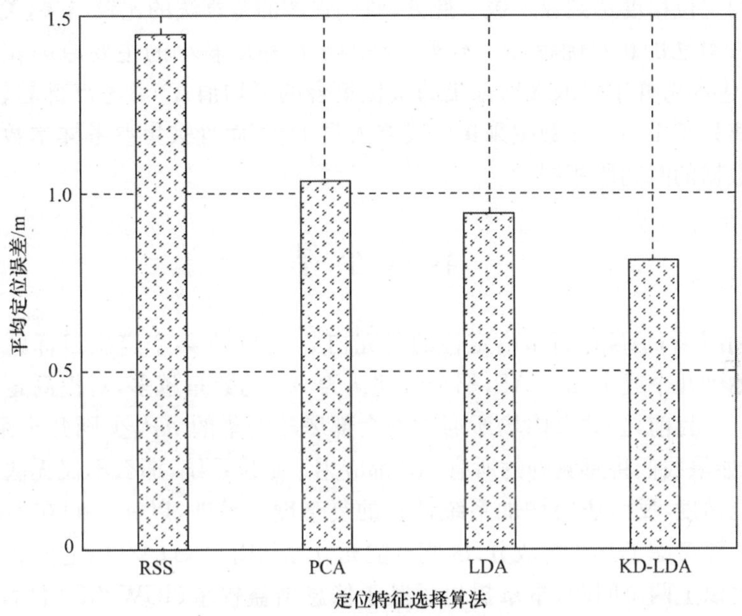

图 5-9　不同特征选择算法的平均定位误差比较

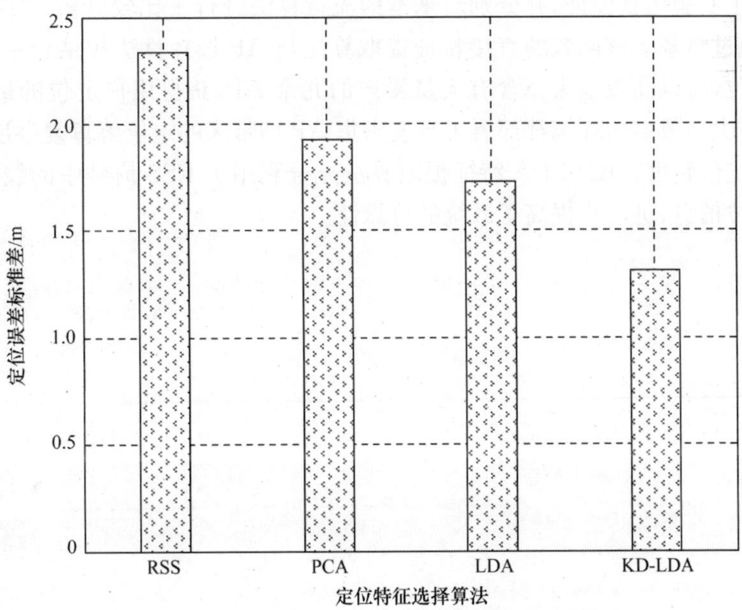

图 5-10　不同特征选择算法的定位误差标准差比较

另外,从图 5-9 可以看到,各种算法的平均定位误差都比较小,尤其是 KD-LDA 和 LDA 算法,都在 1m 以内,但这并不能说明 KD-LDA 算法可以使所有系统的平均定位精度达到亚米级。此处,我们强调的是算法的比较结果,关心的是 KD-LDA 算法的相对优越性。本实验平均定位精度较小的主要原因在于数据采集上:①参考样本是取多次采集的最优集合的平均值;②参考点部署较密集,平均距离只有 1m;③在数据采集时没有人员干扰,而且采集参考样本数据和测试样本数据的时间段相同。

本 章 小 结

在利用 WLAN 进行室内定位的研究初期,由于在某个定位目标区域一般可以感测到几个或十几个 AP,那个时期认为 AP 的数量越多,对提高定位精度越有利。但目前,公共室内场所通常都会部署较密集的 AP,少则几十个,多则上百个,如果我们将感测到的所有 AP 都应用于定位系统,那么不仅无法提高系统的定位精度,反而还会增加系统计算的复杂度。另外,以往人们在利用 RSS 信息时主要考虑了其线性成分,因此不能充分地利用 RSS 的有用定位信息。

针对以上两个问题,本章提出了基于信息增益权重(IGW-AP)的 AP 选择算法,以及基于核函数的直接判别分析(KD-LDA)特征提取算法,对上述两种算法进行了实验仿真验证,并分别与基本的流行算法进行了比较分析。实验结果表明,通过将基于核函数的直接特征提取算法与 AP 选择算法相结合用于位置指纹定位,可以高效地去掉含有大量噪声的冗余 AP,获得用户定位的最优 AP 集合,解决一般室内环境都部署了高度密集 AP 而带来的定位解算复杂度问题,并提高定位精度。KD-LDA 特征提取算法充分利用了 RSS 信号中的线性和非线性定位信息,进一步提高了系统的可靠性。

第6章　基于机器学习的室内定位算法

依靠 WLAN 基础设施，基于位置指纹的室内定位技术无需任何额外的硬件设备即可实现定位，其前提是要在终端安装特定的定位软件。基于 WLAN 的位置指纹室内定位技术架构分为基于服务器端架构和基于客户端架构。基于服务器端架构的技术适合于被动定位场合，如事故、灾难紧急救援、罪犯追踪、监狱和医院人员监控等；而基于客户端架构的技术适合于主动定位场合，目前的绝大多数应用属于该类定位。基于客户端架构的技术能够让用户随时随地了解需要的位置信息，并且可以有效地保护个人隐私。因此，基于客户端架构的定位技术较基于服务器端架构的定位技术拥有更好的应用前景和推广空间。基于客户端架构的室内定位技术往往采用体积小、储能有限的便携式终端设备，这就对定位软件的位置解算算法提出了较高的要求，快速的解算既能满足对位置信息的实时性要求，又能节省移动终端的能耗。

在通信领域，系统的有效性和可靠性一直是一对相互矛盾的指标，提高有效性(即速率问题)，就会降低系统的可靠性(也就是质量问题)。在室内定位的位置信息获取方面，也同样存在这样的矛盾。因此，如何在保证定位精度的前提下，尽可能地提高系统的解算速度，节省定位终端的能耗，一直都是人们研究的焦点。

已有的研究成果表明[75,86,157]，聚类分块算法可以大幅度地提高移动终端的计算效率，降低终端移动设备的能耗，提高定位精度。

6.1　聚类算法的研究现状[153]

聚类是在事先不知道预定类目、预定分类表等预划定类的情况下，根据信息相似度原则来实现信息集聚的方法。其目的在于根据最小化类间的相似性、最大化类内的相似性原则合理地划分数据集合，并用显式或隐式的方法描述不同的类别。聚类的主要方法有层次聚类、划分聚类和基于最优代价函数的聚类等。其中，划分聚类是思想最简单、应用最广泛的聚类方法，本书将要采用的聚类算法就属这类。

Youssef 等提出的显式聚类算法是最早应用于基于位置指纹室内定位的算法，将 RM 的位置指纹分成不同的簇，每一簇共享同一个可接收到的 AP 集合，该集合称为该簇的键值。这种方法适合于定位目标区域不大、AP 数量不多的情况，而对于定位目标区域较大、存在较多 AP 的情况下，往往会出现在某些参考点上感测不到某些 AP 的情况，使移动终端因为找不到正确的簇而出现错误或无法解算位置信息。

之后较有影响力的聚类算法是由 Borenovic 等提出的区域分割算法，需要人为地将定位区域划分为面积相当的若干个定位子区域。该算法的优点就是将人工神经网络(ANN)定位算法应用于定位子区域，可提高室内定位的精度。不足之处是，该算法采用人为的方法将定位区域分割成大小一致的子区域，很难顾及室内架构和布局的差异以及信号的相似性等特性，算法应用受限。

目前，较受欢迎的聚类算法是由 Chen 等提出的 k 均值(k-means)算法。该算法的最大优点就是训练快，容易实现。与区域分割算法不同的是，k-means 算法可实现参考点的聚类和定位子区域的自动划分。该算法将 RM 中的任意参考点和与其对应的所有 RSS 的均值全部定义为指纹，选取 k 个指纹作为初始聚类中心；每个指纹被划分到与之欧氏距离最短的那个聚类中心，新聚类中心由当前聚类中的所有指纹的平均值产生，直到 k 个新聚类中心值保持不变。在定位阶段，首先计算移动终端实时接收的 RSS 与 k 个确定的聚类中心之间的欧氏距离以找出距离最近的一个聚类中心，然后将用户定位至该聚类中心所在的定位子区域。该方法采用抑制更新聚类中心的方法避免了空聚类、增加了聚类的稳定性，但同时也忽略了 RSS 的相关性。当邻域存在相关性较强的指纹时，k-means算法会产生很多相关的聚类中心，而这些不分散的聚类中心不利于均匀地对指纹进行训练。本章提出了将 RSS 信号白化(whitening)后再进行k-means 聚类用于指纹定位的方法，有利于去除 RSS 信息之间的相关性以避免聚类中心跑偏，并提高 k-means 聚类分块精度。

6.2 白化的 RSS 信号 k-means 聚类算法

在很多室内环境，为满足人们日常生活和工作对高速、移动、准确的无线数据传输的需求，往往会部署大量密集的无线 AP。例如，在美国 Portland Oregon 的 Intel 办公大楼里，以 5m 的间隔进行 AP 部署，一座 4 层的大楼内共部署了 125 个 AP[153]。通常情况下，系统的定位精度与可利用的 AP 数量成正比，但是如果 AP 过多，不但不会提高系统的定位精度，反而会增加系统的计算负担。虽然可以通过 AP 选择的手段来降低 AP 维数，但是随着定位目标区域的增大，可利用 AP 集合中各个 AP 的联合覆盖区域也不断增大。这时，可以通过聚类方法，将 AP 进行聚类，以降低算法搜索或学习的指纹空间。由于高密度的 AP 部署，来自物理位置邻近的 AP 的 RSS 信号具有较大的相关性，容易使 k-means 算法产生很多高度相关的聚类中心。因此，有必要在进行聚类之前对 RSS 信号进行白化处理，去除其相关性，提高聚类中心的合理性和可信性。另外，为了避免 k-means 聚类算法出现空的聚类，可以采用文献[86]提到的聚类中心的抑制更新方法，即在每次迭代中都将当前聚类中的所有 RSS 均值作为新的聚类中心。

k-means 聚类是模式识别领域普遍采用的一种动态的聚类方法，其要点如下：

(1) 选择用于样本间的相似性度量的某种距离度量准则。

(2) 确定用于评价聚类效果的质量准则函数。

(3) 找出最好的聚类结果。即对于一个给定的初始分类，采用迭代算法找出使质量准则函数取极值的聚类。

1. k-means 聚类算法

输入：聚类中心个数为 k；数据库包含的数据对象数目为 n。

输出：满足要求的 k 个具有最小方差的聚类。

2. 处理流程

k-means 聚类的处理流程如下所示。

(1) 初始化 k 个聚类中心。选择 n 个数据对象中的任意 k 个对象作为初始聚类中心。

(2) 循环执行步骤(3)到步骤(4)，直到 k 个聚类中心都保持不变。

(3) 逐一计算对象与 k 个聚类中心的距离，并根据最小距离重新划分对象至相应聚类中心。

(4) 重新计算当前聚类的均值，将此时的均值作为新的聚类中心。

k-means 算法的目的是使同一聚类中的对象具有较高的相似度，不同聚类中的对象则相似度较小。n 个数据对象首先通过输入量 k 将其划分为 k 个聚类，然后利用各个聚类中对象的均值获得一个"中心对象"(引力中心)用来计算聚类的相似度。

3. 白化的 k-means 聚类

白化的 k-means 聚类通过迭代来产生聚类输出，其算法流程如图 6-1 所示。

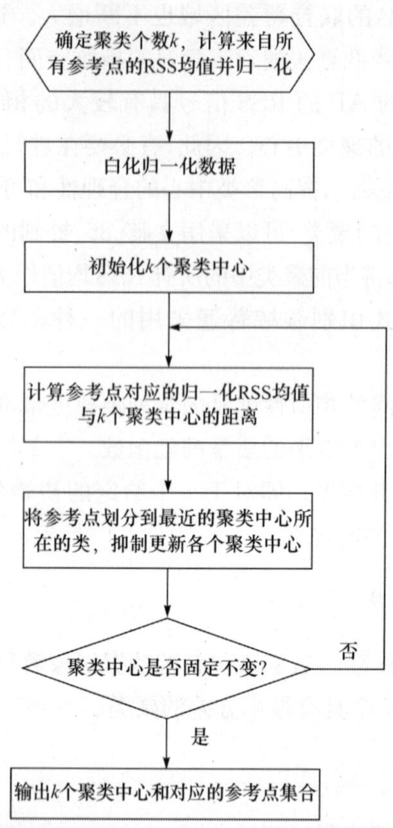

图 6-1　白化的 k-means 聚类算法流程

下面对白化的 k-means 算法的工作流程进行说明。

(1) 将 RM 中的每个位置指纹用相应参考点上的 RSS 向量均值表示，并将均值归一化。通过白化 RSS 均值，去掉相关性。

(2) k-means 聚类在整个 RM 中选取 k 个指纹作为初始聚类中心。为了避免随机选择的初始聚类中心造成聚类过度集中或分散的情况，尽量在定位子区域均匀地选取 k 个初始聚类中心，以尽可能按照物理位置空间的一致性进行聚类。

(3) 对于除 k 个聚类中心之外的其他所有 RSS 均值，根据它们与这些聚类中心的欧氏距离，分别将它们分配给与其欧氏距离最近的聚类。

(4) 执行完所有的指纹操作后获得新的聚类，将新聚类的所有指纹的平均值作为新的聚类中心。

(5) 不断重复步骤(3)和步骤(4)，直到 k 个聚类中心不再发生变化，终止迭代。

聚类结束后，每个位置指纹都被收敛至与之最近的聚类中心，这时将每个聚类视为一个定位子区域。离线阶段，每个聚类和对应的位置指纹数据构成一个独立的子指纹数据库。在线定位阶段，新测得的 RSS 首先通过与聚类中心的欧氏距离计算得到最近的聚类中心，然后由这个聚类中心对应的定位函数得出用户的定位子区域。

6.2.1　数据预处理

在训练之前，为方便程序处理，需要对所有来自 AP 的 RSS 训练样本先进行归一化操作，即对于每个 RSS 训练样本，都减去其均值并除以标准差。需要注意的是为了避免分母出现 0 的情况以及抑制噪声，在除以标准差时，我们会将标准差加上一个较小的常数，考虑 RSS 的有效范围一般为[－100，0]，故将此常数取值为 5。表达方差如下：

$$\mathrm{RSS}_i=\frac{\mathrm{R\tilde{S}S}_i-\mathrm{mean}(\mathrm{R\tilde{S}S}_i)}{\sqrt{\mathrm{var}(\mathrm{R\tilde{S}S}_i)+5}} \tag{6-1}$$

式中，RSS_i 是 RSS 归一化值；$\mathrm{R\tilde{S}S}_i$ 是样本向量；$\mathrm{mean}(\mathrm{R\tilde{S}S}_i)$ 是样本均值；$\mathrm{var}(\mathrm{R\tilde{S}S}_i)$ 是方差。数据进行归一化操作，不仅方便程序处理，而且可以加快收敛速度。此时，k-means 算法比较趋向于学习类边缘的聚类中心。由于邻域 RSS 的相关性容易产生高度相关的聚类中心，降低聚类精度，所以，还需要进行白化操作来去除数据的相关性以使得 k-means 的聚类中心更加正交化，即互不相干。

白化的目的是去掉因数据之间的相关性而带来的冗余，保持特征的性质不变，降低相关性。数据的白化必须满足两个条件：一是不同特征间的相关性最小，接近于 0；二是所有特征的方差相等(不一定为 1)。常见的白化操作有 PCA 白化和 ZCA 白化。

1. PCA 白化

PCA 白化指将数据 x 经过 PCA 操作降维为 z 后，z 中的每一维都是独立的，满足白化的第一个条件，这时只需将 z 中的每一维都除以标准差即可得到每一维的方差为 1，即方差相等。公式为

$$x_{\mathrm{PCAwhite},i}=\frac{x_{\mathrm{rot},i}}{\sqrt{\lambda_i}} \tag{6-2}$$

2. ZCA 白化

ZCA 白化指数据 x 先经过 PCA 操作变换为 z，但是并不降维，因为这里把所有的成分都选了进去，这时也同样满足白化的第一个条件，即特征间相互独立；然后进行使方差为 1 的操作；最后将得到的矩阵左乘一个特征向量 U 即可。

ZCA 白化公式为

$$x_{\mathrm{ZCAwhite}} = U x_{\mathrm{PCAwhite}} \tag{6-3}$$

对于这两种白化操作，PCA 白化是保证数据各维度的方差为 1，而 ZCA 白化是保证数据各维度的方差相等。另外，它们的一般用途也不同，PCA 白化主要用于降维且去除相关性，而 ZCA 白化主要用于去除相关性，尽量保持原数据。此处只需要去除数据之间的相关性，因此采用 ZCA 白化。

6.2.2　参数设定

自 2006 年以来，随着深度学习（deep learning）算法的出现，机器学习取得了突破性的进展，深度学习之风的盛行诞生了许多从数据中学习到深度的、分级的特征的算法，而采用 k-means 聚类算法来实现特征学习，也因其具有简单、快速、易实现等优点而快速流行起来。k-means 算法另一个值得青睐的地方就是它只有一个参数，即只有聚类中心的个数 k 需要调整，所以 k 的重要性也不言而喻。事实上，k-means 算法无法自动指出应该使用多少个类别，必须人为设定。如果 k 值选择过小，定位子区域就会相对过大，类内相似度不大，不能很好地起到缩小定位指纹空间、简化算法、提高精度的目的；如果 k 值选择过大，定位子区域就会相对过小，类间相似度过大，会降低聚类精度，不利于位置解算。

可行的解决办法就是，在程序运行时将 k 值设为 1，提高类别数，设置上限为 8。运行某个 k 值时，每次初始的聚类中心都不同，选择方差最小的那个结果。经过离线阶段的反复训练发现，在书中提到的实验里，k 值取 4（可实现 97%的聚类分块准确度）时可以达到较好的定位精度和算法复杂度的系统平衡状态。当然，k 的取值因实验环境的不同而不同。

6.3　基于白化 RSS 信号的 k-means 聚类与 SVR 学习定位算法

支持向量回归（SVR）机是运用结构风险最小化（structural risk minimization，SRM）原则来构造学习机器，保持最小的经验风险固定，最小化置信区间。与经验风险最小化不同，结构风险最小化旨在综合考虑置信范围和经验风险两项因素的情况下最小化风险泛函。其基本思想是找到函数集的适当函数子集，在该函数子集中最小化经验风险，使得这个条件下的经验风险与结构风险的和最小，解决了传统学习机器在小样本的情况下并不能保证期望风险最小的问题。

标准 ε-不敏感 SVR 算法在解决高维模式识别、非线性及小样本问题中表现出许多特有的优势。在线定位阶段，采用标准 ε-不敏感 SVR 函数进行更精确的位置解算。因为通过特征提取后，我们已经将待测目标锁定在某个相对较小的子区域 RMp 内，各个 AP 在子定位区域内的不同位置的表现力相似，所以 AP 的 RSS 与用户的物理位置有着极强的对应关系。这样可以选择 AP 数量作为 SVR 的特征维度，对应的 RSS 作为 SVR 训练样本，构造 SVR 预测样本和训练样本。

假设在第 i 个参考点 L_i 上接收到第 t 个 RSS 向量样本 $r_i(t)$，经过 KD-LDA 特征变换后为 $K_i(t)$，SVR 就是要对 $(K_i(t),(L_{ix},L_{iy}))$ 样本进行学习，得出位置解算函数，给出物理坐标 (L_{ix},L_{iy})。若用户终端实时接收到的 AP 个数为 D，则测试样本指纹为 $(K_1(t),\cdots,K_D(t))$，训练样本集合为 $\{F_i=(K_{i1}(t),\cdots,K_{iD}(t)),1\leqslant i\leqslant k\}$，每个特征库样本的坐标为 (L_{ix},L_{iy})。基于 SVR 算法的定位，需要输出用户的二维坐标 (L_{ix},L_{iy})，即用到多输出的预测，然而 SVR 算法的输出通常都是一维的，这时可以用多个单输出来代替多输出，从而实现多输出 SVR[150]。

假设样本训练集个数为 n，特征维数为 M，预测输出目标个数为 m，已知训练集 $(x_1,y_1),(x_2,y_2),\cdots,(x_l,y_l),x\in\mathbf{R}^n,y\in\{-1,1\}$，则问题转化为：

MAX：

$$-\frac{1}{2}\sum_{i=1}^{m}\sum_{j,l=1}^{n}(\alpha_i^l-\alpha_i^{l^*})K(x_j,x_l)+\sum_{i=1}^{m}\sum_{j=1}^{n}(\alpha_i^j-\alpha_i^{j^*})y_i^j-\sum_{i=1}^{m}\sum_{j=1}^{n}(\alpha_i^j+\alpha_i^{j^*})p \tag{6-4}$$

s. t.

$$\sum_{i=1}^{m}\sum_{j=1}^{n}(\alpha_i^j-\alpha_i^{j^*})=0 \tag{6-5}$$

其中，$0\leqslant\alpha_i^j,\alpha_i^{j^*}\leqslant C$。

可得到决策函数为

$$f_i(x)=\sum_{l=1}^{n}(\alpha_i^j-\alpha_i^{j^*})K(x_j,x_l)+b \tag{6-6}$$

其中，$i=1,2,\cdots,m;l=1,2,\cdots,n$。

ZCA 白化 k-means 与 SVR 学习定位算法流程分为离线数据采集训练阶段和在线位置解算阶段，如图 6-2 所示。离线阶段，首先根据事先在定位目标区域部署好的参考点，采集 RSS 训练样本，存储建立原始的指纹数据库。在此基础上，通过 ZCA 白化 k-means 聚类算法将原始指纹数据库分类成 k 个子指纹数据库 RM1，…，RMk。之后将每一个子指纹数据库作为一个独立的 RM，分别使用 IGW-AP 选择策略和 KD-LDA 特征选择算法进行降维和特征提取，优化指纹数据库。最后在优化的子 RM 上进行 SVR 学习，建立 SVR 定位模型。在线阶段，首先通过用户移动终端进行 RSS 信号实时采集，然后通过聚类算法将用户位置分类至 RM1，…，RMk 的某个子指纹空间 RMp，接着通过 AP 选择和特征选择算法继续优化 RSS 信号和提取定位特征值，最后将此信号的定位特征输入到位置解算单元的 SVR 定位函数，输出用户位置。

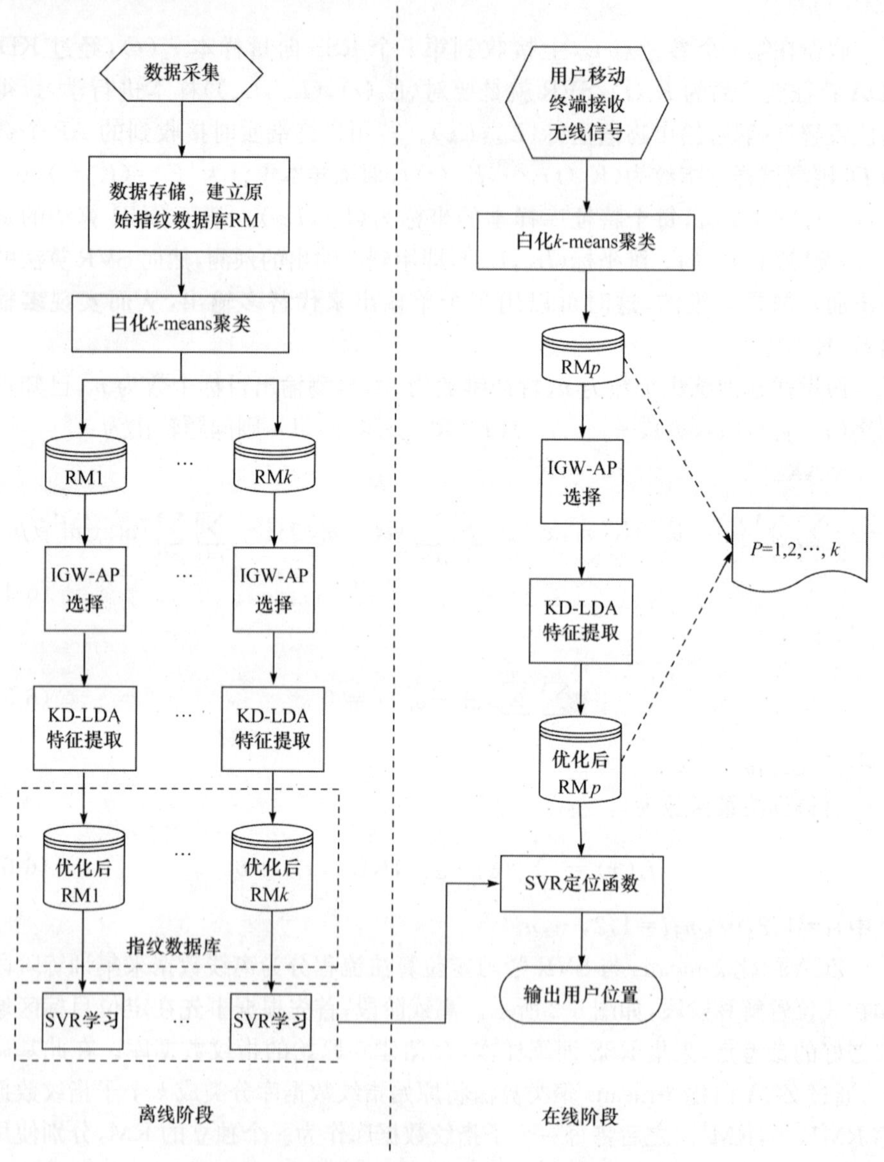

图 6-2　白化 k-means 聚类与 SVR 学习定位算法流程图

下面是基于 SVR 学习定位算法的具体实现步骤。

(1) 通过 KD-LDA 算法提取针对实时接收信号的训练样本，构造指纹样本集合$\{F_i=(K_{i1}(t),\cdots,K_{iD}(t)),1\leqslant i\leqslant k\}$。

(2) 针对提取的训练样本集合，采用交叉验证方法训练参数，获得 SVR 模型的优化参数。

(3) 根据得到的优化训练参数，针对提取的训练样本集合，训练 SVR 定位模型。

(4) 将待定位目标接收 RSS 信号送入 SVR 定位模型，得到定位结果。

SVR 定位流程如图 6-3 所示。

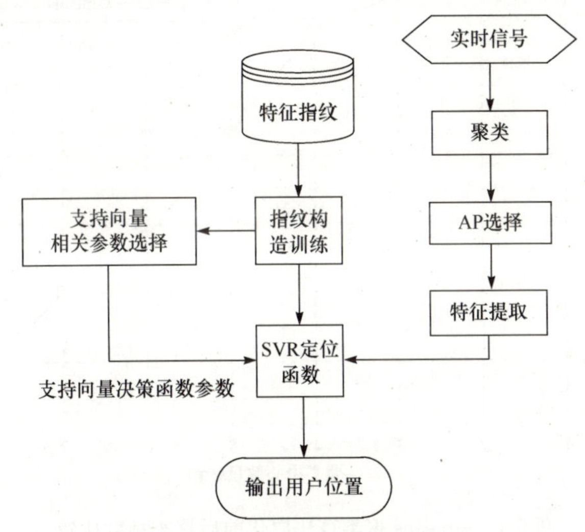

图 6-3　SVR 定位流程图

6.4　实验结果与分析

6.4.1　聚类算法分析

本次实验依然采用 4.4 节的实验环境，比较 RSS 信号有无白化的 k-means 聚类算法的分块准确率。图 6-4 显示了聚类中心数量 k 从 1 到 8 变化时这两种算法的分块精度。

首先，从图 6-4 中可以看出 RSS 白化后的 k-means 算法在聚类准确率方面要好于白化之前的效果，尤其是随着聚类中心数量 k 值的增加，这种提高效果愈加明显，这是因为在定位目标区域一定的情况下，聚类中心值越大，被划分的定位子区域就越多，则相应邻域之间信号强度的相关性就越大，通过白化处理去除信号相关性带来的冗余，从而使白化后的聚类分块准确率有较大的提升。其次，当 k 的值取 4 时，聚类的准确率可以达到 97%，当然，在 k 小于 4 时聚类的准确率更高，但当 k 值过小时容易出现类内信息相似度不高的情形，不利于降低计算复杂度和提高定位精度。另外还可以看出，随着聚类中心数量的增加，所有白化后的k-means聚类算法的分块精度都在快速下降，如当 k 值大于等于 5 以后，过多的分块使得每个定位子区域的范围减小，导致类之间的相似度增加，不仅降低了分块准确率，而且也会降低定位精度。

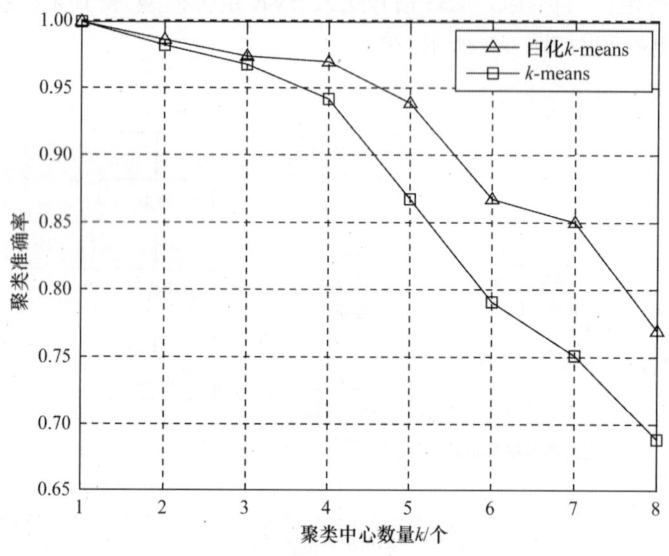

图 6-4 k-means 聚类算法白化前后聚类精度比较

如图 6-5 所示是当 k 的取值由 1 到 8 时对应的系统定位精度概率累积分布情况。从图中可以看出，当 k 的取值为 4 时，系统的定位精度整体上优于 k 取其他值的情况，虽然在小于等于 3m 处的累积概率不是最高，但这并不影响其整体的定位性能优势。事实上，此处 $k=4$ 时的累积概率是 77.1%，而最大值为 80%($k=5$)，虽然当 k 取值为 5 时可以实现定位精度 3m 以内 80%的置信概率，但由于此时的聚类精度只有 93.9%，明显低于 k 取 4 时的 97%，并且 k 值为 5 时在 2m 和 4m 以内的定位精度并不高，所以综合考虑聚类分块准确率和定位精度两方面的表现，我们认为聚类中心数为 4 时系统的定位可靠性最好。另外还可以看出，聚类有利于提高定位精度，例如当 k 分别取 2、3、4、5 时，系统定位精度的累积概率分布都好于无聚类($k=1$)的情况。但当 k 的取值为 6、7 和 8 时，这种聚类的良好表现又消失了，也就是在定位精度的置信概率方面要低于无聚类的情况。

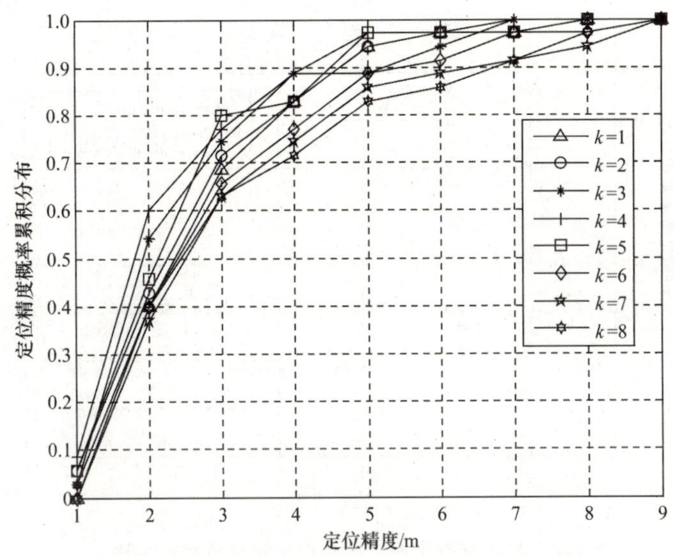

图 6-5　*k* 取不同值时系统定位精度概率累积分布

上述分析表明，聚类中心的数值对于系统的性能优劣有着直接的关系，所以为了既能缩小定位指纹空间、提高定位精度，又能有效划分定位子区间，保证较高的聚类准确性，避免因聚类误差带给定位精度的不良影响，聚类中心 *k* 的值应取为 4。当 *k*=4 时，我们比较了 *k*-means 聚类算法在 RSS 白化前后的定位精度，如图 6-6 所示。

从图 6-6 可以看出，对信号白化后再进行聚类，可明显提高系统的定位精度。白化后的聚类定位精度在 2m 内的概率为 60%，较 RSS 无白化的聚类定位提高了 39.7%；定位精度在 3m 内的概率为 77.1%，比无白化的聚类定位提高了 12.4%。另外，定位精度在 1m 内的概率也有较为明显的提高。为了更清楚地说明白化的作用，图 6-7 显示了白化前后系统定位误差的最大、最小和平均值，以及定位误差标准差。可以看出，白化后的系统定位平均误差为 2.21m，而无白化的定位平均误差为 2.74m，定位精度提高了 24%；最大定位误差也由无白化的 7.91m 降到 6.27m，下降了 1.64m；另外，定位误差的标准差由无白化的 2.85m 降为 1.67m，表明各个测试点上的误差偏离平均定位误差的程度在降低，从定位误差范围的变化也能说明这一点，白化前的误差范围为 0.93～7.91m，白化的聚类定位误差范围为 0.61～6.27m。因为定位误差范围越小，误差偏离均值的程度就越小，所以标准差才会变小。

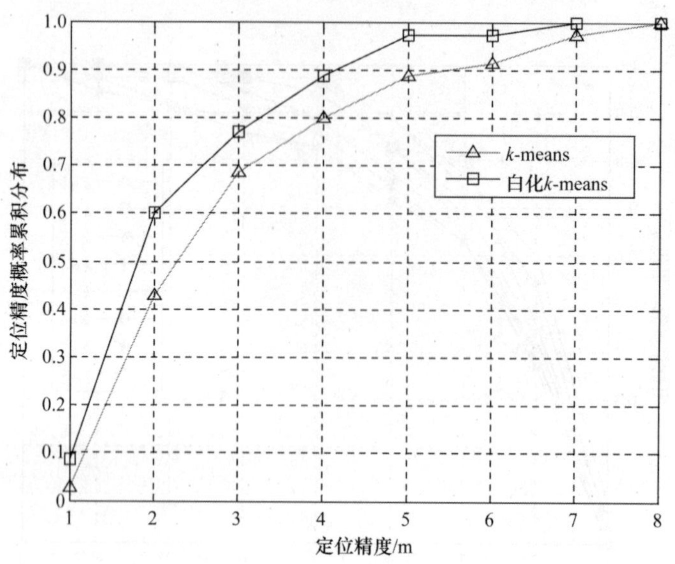

图 6-6　最优聚类情况下信号白化对定位精度的影响

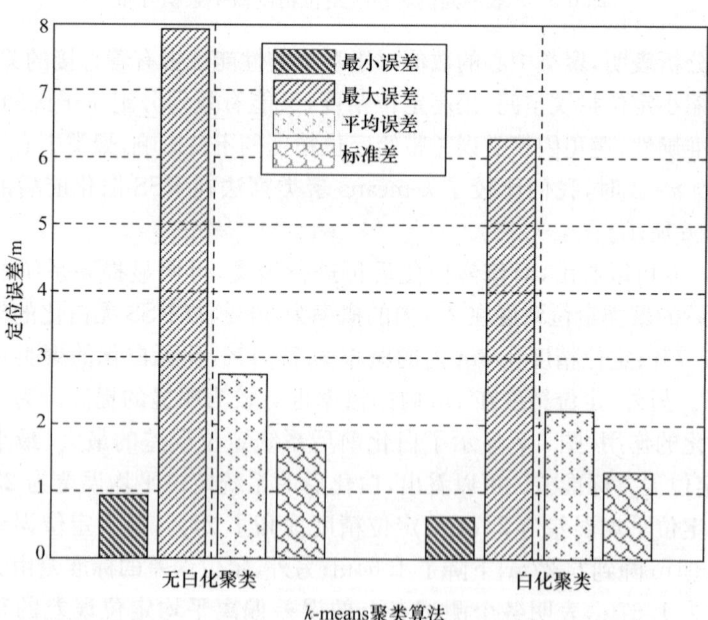

图 6-7　最优聚类情况下信号白化前后的系统定位误差比较

6.4.2 SVR 定位参数分析

影响系统定位精度的参数主要是用于特征选择的 m、M、σ，下面分别介绍如下。

1. 参数 m

参数 m 表示类间离散矩阵的最大特征值所对应的 m 个特征向量，决定了类间定位信息的提取。如图 6-8 所示是在定位子区域(1)(通过 $k=4$ 聚类分块得到的一个定位区域)实验得到的 m 取不同值时系统定位精度在 2m 以内的置信概率。从中可以看出，在 m 值取 5 和 6 时有最高的定位精度在 2m 以内的置信概率，并且当 m 等于 6 时，算法可提取更高比例的特征值。但是根据图 6-9 中 m 取不同值时系统的平均定位误差和定位误差标准差来看，当 m 取值为 5 时有更小的平均定位误差和定位误差标准差，而根据图 6-8，当 m 取 5 时满足之前提到的特征向量信息量判别准则，因此 m 的取值是综合考虑的结果。另外由图 6-8 可知，m 值越大，类间定位信息值就越多，但递增的信息量却越少，也就是说过大的 m 可能会引入过多的冗余信息，从而增加计算复杂度，降低定位精度。

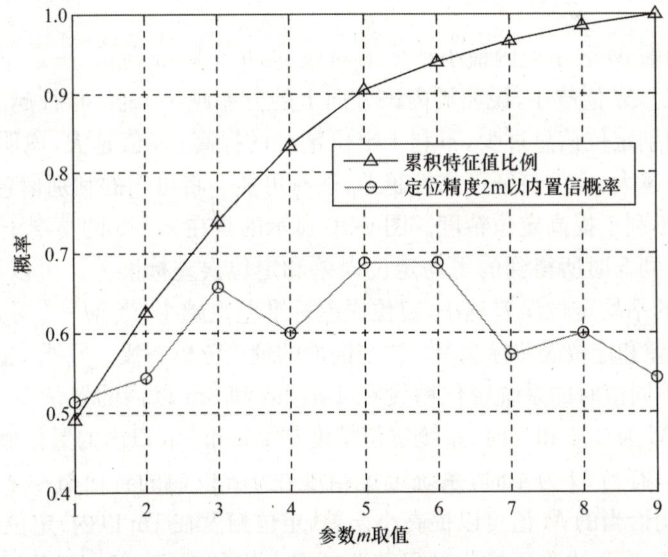

图 6-8　参数 m 取不同值时定位精度在 2m 以内的置信概率

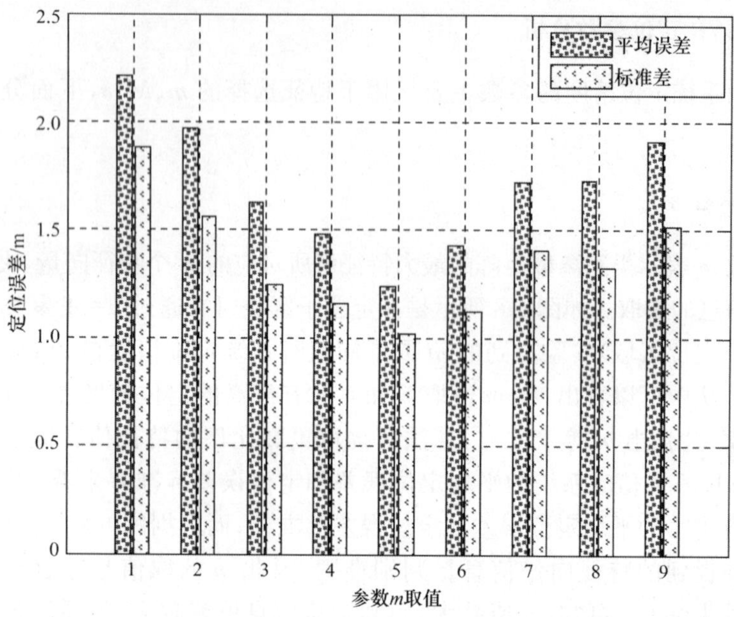

图 6-9　参数 m 取不同值时系统的定位误差比较

2. 参数 M

特征维数 M 表示类内最小特征值对应的 M 个特征向量，决定了类内方差信息的提取。M 值越小，说明类内该方向上的方差越小，定位特征越可靠，但获得的有用判别定位信息过少，不利于定位精度的提高；M 值越大，说明类内该方向上的方差越大，定位特征可靠性越差，还有可能会将可用的判别信息当成冗余信息去掉，不利于提高定位精度。图 6-10 显示的是在 $m=5$ 的情况下验证的 M 值分别取 1 到 5 时所得到的平均定位误差和定位误差标准差。可以看出 M 值越大，系统的平均定位误差越小，定位误差标准差也越小，当 $M=4$ 时，有最小的定位平均误差和定位误差标准差。这与前面的理论分析一致。另外，图 6-11 给出了当 M 取不同值时的系统定位精度在 1m、2m 和 3m 以内的置信概率，从中可以看出，当 M 为 3、4 和 5 时，系统定位精度在 2m 和 3m 以内的置信概率都达到最大值，但只有当 M 为 4 时，系统定位精度在 1m 以内的置信概率才达到最大值，这也说明恰当的 M 值可以提高小误差(定位精度在 1m 以内)定位的概率。

参数 M 和 m 的验证优化过程需要耗费一定的时间，但由于此过程是在离线阶段完成的，且目前有超存储和高计算性能的计算机，因此，该计算量并不会增加定位系统的负担。相反，通过前面的分析可以知道，特征提取能够降低定位计算复杂度,提高定位精度和定位效率。

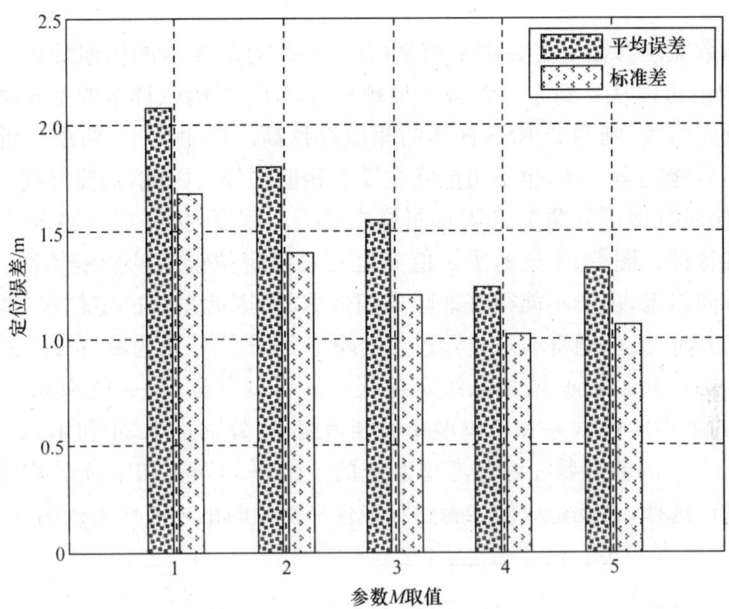

图 6-10　参数 M 取值对系统定位误差的影响

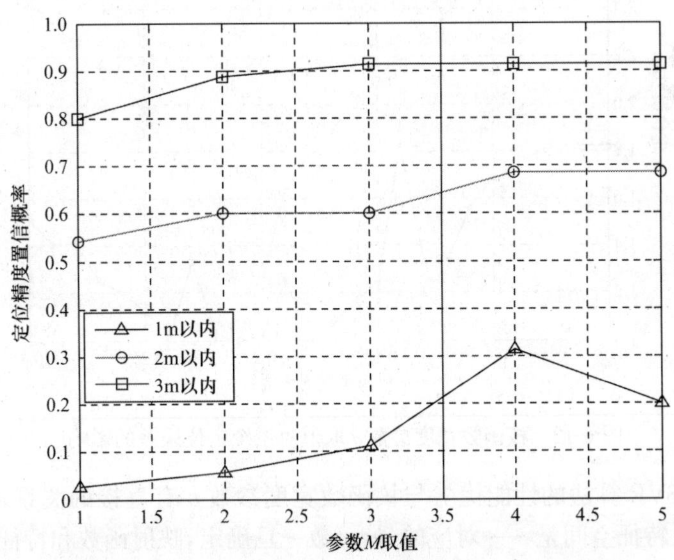

图 6-11　参数 M 取不同值时系统定位精度的置信概率

3. 参数 σ

核函数宽度参数 σ 主要用来衡量两个 RSS 向量样本的相似性程度。理论上，σ 的取值可以从 0 到无穷大，σ 的值越靠近 0，两个 RSS 样本的差异越大；而 σ 值越靠近无穷大，则两个 RSS 样本的相似性越高。但事实上，两个临近的 RSS 样本既不可能完全一样，也不可能完全没有相似之处。因此，需要寻找一个合适的值，以便较好地区分两个 RSS 向量样本的近似程度，更好地描述 RSS 信号的定位判别特征。图 6-12 显示了 σ 值变化对系统定位误差的影响情况。随着 σ 值向 0 方向接近，由于不能很好地区分相似 RSS，因此系统的定位误差增大；而当 σ 值变大时，又可能将本来差异较大的两个 RSS 信号认为具有较大的相似程度，从而导致错误判别，增加系统定位误差。可以看出，当 σ 值为 0.2 和 0.21 时，系统的平均定位误差和定位误差标准差最小，分别是 1.24 和 1.02、1.25 和 1.00。因此，σ 的值需要在综合考虑系统的定位平均误差和定位误差标准差的基础上进行选择，也就是取使二者达到最佳平衡点时的 σ 值作为核函数的宽度。

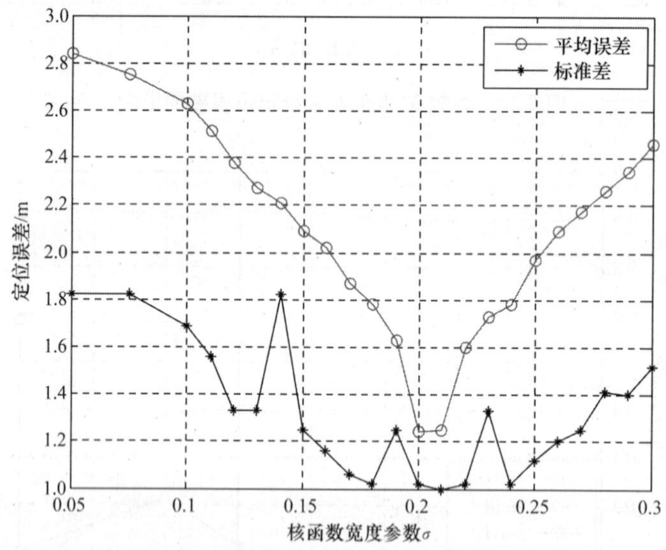

图 6-12 核函数宽度参数 σ 取值对系统定位误差的影响

可见，SVR 算法的性能优劣与核函数宽度参数 σ 有直接的关系。核函数、映射函数及特征空间是一一对应的，核函数一旦确定，映射函数和特征空间也就跟着确定，改变核函数就是在改变样本特征子空间分布的复杂度。特征子空间的维数决定了在此空间构造的线性分类面的最大 VC 维，也就是线性分类面的最小经验风险误差。如果特征子空间的维数较高，最优分类面就可能较复杂，经验风险小，但置信范围大；反之亦然。因此，只有选择合适的核函数参数将数据投影到合适的特征空间，才能得到分离效果良好的 SVR 分类器。

另外，SVR 模型参数惩罚因子 C 对回归估计的精度也有着至关重要的影响。惩罚因子是经验风险与置信区间的调节器，用于实现在错分样本的比例与算法复杂度之间的折中，即在特定的特征子空间中调节学习机器置信范围与经验风险的比例以使学习机器的推广能力最好。惩罚因子 C 的值越小，表示对样本越不重视，允许丢弃较多的样本，对经验误差的惩罚力度小，而丢掉过多的样本虽然会降低算法复杂度，但同时也可能导致较大的经验风险；相反，如果惩罚因子 C 的值过大，可以减小经验风险，但同时也会增加系统的计算复杂度；如果惩罚因子 C 取无穷大，那么所有的约束条件都必须满足，这就意味着训练样本必须进行准确分类。

针对实验中的每个子 RM 分类器，其惩罚因子和核函数宽度都不同，书中采用了传统的全局遍历搜索办法，限于篇幅，这里不展开进行叙述。

6.4.3　算法复杂度分析

对于匹配型定位算法而言，其算法的计算复杂度与 RM 空间大小成正比。聚类分块可以有效减小算法的 RM 搜索匹配空间，降低定位计算复杂度。第 4 章采用最基础的 WKNN 定位算法，离线阶段需要匹配的参考指纹位置由整个指纹数据库的 68 个参考点变为平均 17 个参考点，极大缩小了在线定位阶段搜索匹配的空间，从而大大减少匹配定位过程所需的计算量。

本章所采用的学习型定位算法，聚类分块将定位 SVR 模型限制在定位子区域，每个定位模型的平均输入 AP 数为 11.5 个，极大地减少了学习的特征维数。以定位子区域(1)为例，其最优 AP 集合由聚类前的 25 个降为 14 个，减少 AP 数量意味着在减少 RSS 样本数量，这样特征提取环节大约节约了 44%的样本计算数量，从而降低了算法计算复杂度。

图 6-13 对离线阶段参考点上采集 RSS 样本数量与不同算法定位精度在 2m 以内的置信概率关系做了比较。当每个参考点上的样本数量从 10 个递增到 100 个时，各种算法的 2m 内置信概率也随之增加。但机器学习型定位模型比匹配型定位模型的定位精度明显要高，这说明学习型定位在小样本非线性回归问题上具有优势，充分利用了 RSS 信号的非线性特性。而 WKNN 算法由于只用到了 RSS 样本的均值，所以定位精度较低。书中提出的联合 KD-LDA 和 IGW-AP 的 SVR 学习定位模型，采用聚类算法将定位模型限制在定位子区域，可简化并优化 SVR 定位模型；采用 IGW-AP 选择算法去除判别定位信息较差的 AP，减少冗余噪声，降低了特征维数；采用 KD-LDA 算法拓展 RSS 信号的非线性特征，综

合提高 SVR 定位模型的泛化学习能力，所以该算法可以用较少的 RSS 样本达到较高的定位精度。另外，对于本书提出的算法，当参考点的 RSS 样本数量为 20 个时，系统 2m 内的置信概率就高于其他算法 RSS 数量在 100 个时的置信概率。具体而言，该算法在 RSS 数量为 20 个时 2m 内的置信概率为 74.3%，而其他算法在 RSS 数量为 100 个时最高的置信概率为 72.9%。因此在保证较高定位精度的前提下，本书提出的算法可使参考点的采集工作量下降 80%左右。

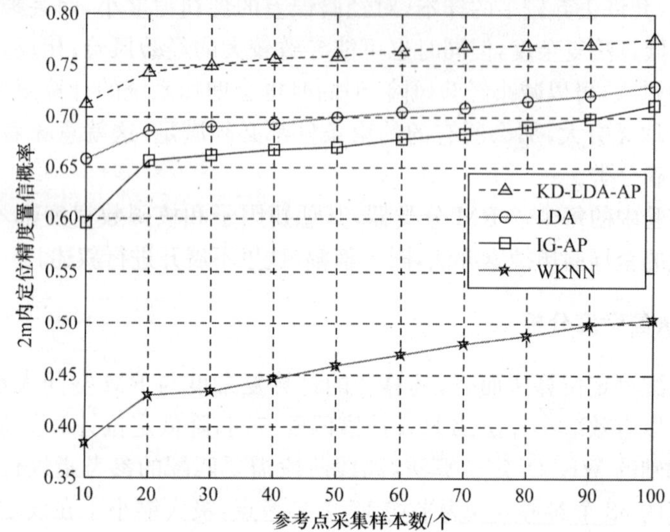

图 6-13 参考点上 RSS 数量对算法 2m 内定位精度的影响

6.4.4 机器学习算法定位性能

本节详细比较了书中提出的定位算法的性能，具体如表 6-1 所示。

表 6-1 不同定位算法的定位误差和定位精度比较 （误差单位：m）

定位算法			最小定位误差	最大定位误差	平均定位误差	定位误差标准差	1m 以内置信概率	2m 以内置信概率	3m 以内置信概率
WKNN	聚类 k-means	k=1	1.04	7.96	2.64	1.48	0%	40%	68.6%
		k=4	0.93	7.91	2.74	1.69	2.9%	42.9%	68.6%
		ZCA & k=4	**0.61**	**6.27**	**2.21**	**1.29**	**8.6%**	**60%**	**77.1%**
	AP 选择	Random	1.04	8.5	3.15	2.02	14.3%	60%	68.6%
		MM	1.04	7.96	2.64	1.48	20%	68.6%	74.3%
		IG	0.82	7.32	2.32	1.39	25.7%	65.7%	80%
		IGW	**0.18**	**4.58**	**1.77**	**1.13**	**34.3%**	**71.4%**	**88.6%**

续表

定位算法			最小定位误差	最大定位误差	平均定位误差	定位误差标准差	1m 以内置信概率	2m 以内置信概率	3m 以内置信概率
SVR	特征选择	RSS	0.94	7.65	1.45	2.34	2.8%	54.3%	68.6%
		PCA	0.94	7.16	1.03	1.92	11.4%	60%	71.4%
		LDA	0.74	6.59	0.94	1.73	17.%	68.6%	77.1%
		KD-LDA	**0.16**	**4.12**	**0.81**	**1.31**	**37.1%**	**74.3%**	**88.6%**

由表 6-1 可知，在结合 ZAC 白化 k-means($k=4$)聚类算法后，系统的性能明显变优。结合了聚类和 AP 选择的定位算法在定位精度上大幅高于只有聚类算法的情况，这主要归功于 AP 选择算法筛选掉了来自含有较大噪声的不可靠 AP 的 RSS 信号。而基于 KD-LDA 的 SVR 机器学习定位算法的定位性能较经典的 WKNN($K=3$)算法也有明显提高，也许是因为实验的定位目标区域不够大或者实验的数据采集均是在理想情况下进行的，性能提高幅度不大，但这也足以说明本书提出的算法在系统的定位精度上明显优于其他的经典算法。基于机器学习的定位算法取得了很好的实验效果，平均定位误差较匹配型定位算法提高了 54.2%，2m 以内的定位精度可达到 74.3%，3m 以内的定位精度可以达到 88.6%，尤其值得注意的是定位误差范围的缩小和 1m 以内定位精度置信概率的提高。

图 6-14 显示了各种算法下 1m 以内的定位精度比较，其中深色图案部分表示定位精度在 1m 以内的比例，浅色图案部分表示其他定位精度的比例。可以看出书中提出的机器学习算法可以使 1m 以内的定位精度高达 37%，而经过聚类联合 AP 选择的算法在 1m 以内的定位精度也有 34%，这一方面表明在新的复杂环境下采用聚类和 AP 选择算法的必要性、重要性，另一方面也说明本书所提出的算法对于小误差(定位精度在亚米级)定位具有极高的准确率，可以较好地满足用户对于高精度定位的需求。

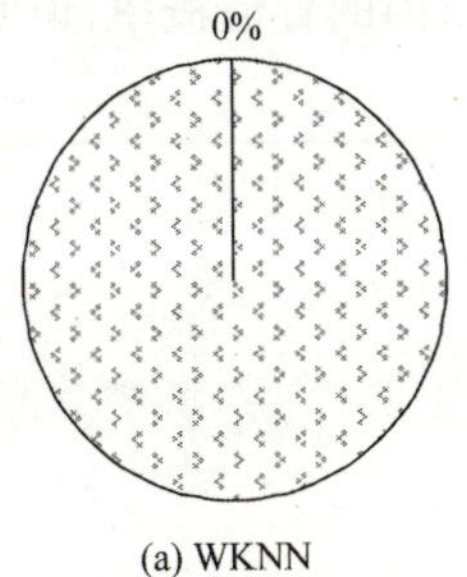

(a) WKNN

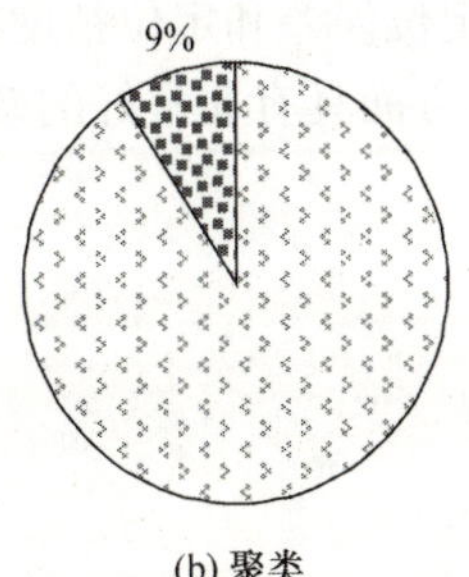

(b) 聚类

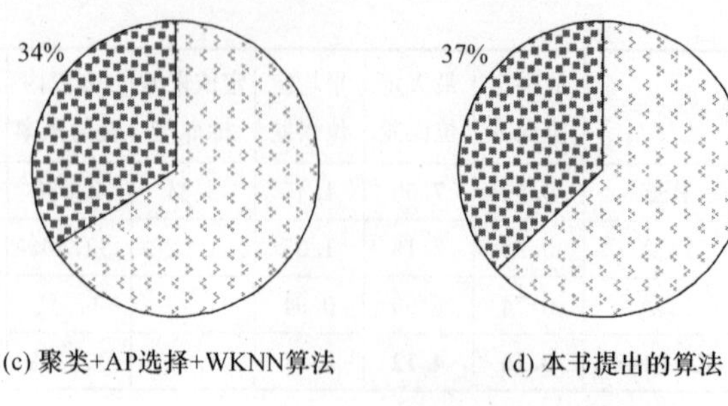

(c) 聚类+AP选择+WKNN算法　　(d) 本书提出的算法

图 6-14　不同算法 1m 以内的定位精度比较

书中提出的定位算法的最大定位误差为 4.12m，与普通的 WKNN 定位算法相比降低了 48.2%，这表明基于聚类和 AP 选择的核函数 SVR 定位算法可以极大地缩小定位误差范围，提高系统的定位精度。

本章小结

随着室内 AP 的广泛部署，室内定位目标区域不断扩大，通过聚类分块算法将定位区域划分成若干子定位区域，可以降低计算复杂度，提高定位精度。本章基于 RSS 信号白化的 k-means 聚类算法进行 RM 分类，提出了联合聚类和 AP 选择的核支持向量回归(SVR)的定位算法，并对上述算法进行了实验仿真和结果分析。结果显示，RSS 信号经过白化以后，可以最大限度地去除邻域 RSS 信号间的相关性；聚类算法提高了聚类分类的准确性和系统的定位精度，大幅度地降低了定位计算复杂度；联合了聚类、AP 选择和核技术特征提取的基于 SVR 学习的定位算法，由于采用聚类算法缩小了指纹空间、通过 AP 选择和特征提取降低了算法维数，从而提高了学习机器的泛化能力、系统定位的速率和精度，降低了学习算法的复杂度。

总之，本章提出的联合各种算法的定位模型，在定位性能上有非常大的提高，尤其是平均定位误差和定位精度在 1m 以内的置信概率，说明本书提出的算法在高精度定位方面具有非常好的效果。

参 考 文 献

[1] Yang Q,Chen Y,Yin J,et al. LEAPS:a location estimation and action prediction system in a wireless LAN environment[C]. Proceedings of the International Symposium on Network and Parallel Computing,Wuhan,2004:584-591.

[2] Li B,Wang Y,Lee H K,et al. Method for yielding a database of location fingerprints in WLAN[J]. IET Journals & Magazines,2005,152(5):580-586.

[3] David H W. It's the (LBS) applications,stupid! [EB/OL]. [2014-11-20] http://www.wirelessdevnet.com/features/williams_lbs01/.

[4] Schiller J,Voisard A. Location-based Services[M]. San Francisco:Morgan Kaufmann Publishers,2004.

[5] Axel K. Location-based Services Fundamentals and Operation[M]. Chichester:John Wiley & Sons,2005.

[6] Patterson C A,Muntz R R,Pancake C M. Challenges in location-aware computing[J]. IEEE Pervasive Computing,2003,2(2):80-89.

[7] 张明华. 基于 WLAN 的室内定位技术研究[D]. 上海:上海交通大学,2009.

[8] Schilit B N,Adams N I,Want R. Context-aware computing applications[C]. Proceedings of the IEEE Workshop on Mobile Computing Systems and Applications,Santa Cruz,1994:85-90.

[9] Reichenbacher T. Mobile cartography-adaptive visualisation of geographic information on mobile devices[D]. Munchen:Technischen Universitat Munchen,2004.

[10] Gu Y,Lo A,Niemegeers I. A survey of indoor positioning systems for wireless personal networks[J]. IEEE Communications Surveys and Tutorials,2009,11(1):13-32.

[11] Chang T H,Wang L S,Chang F R. A solution to positioning problem in an urban environment [J]. Transportation Systems,2003,10(1):135-145.

[12] Smailagic A,Kogan D. Location sensing and privacy in a context-aware computing environment[J]. IEEE Wireless Communications,2002,9(5):10-17.

[13] Sun Y,Porta T F L,Kermani P. A flexible privacy-enhanced location-based services system framework and practice[J]. IEEE Transactions on Mobile Computing,2009,8(3):304-321.

[14] 刘乃安. 无线局域网:WLAN 原理技术与应用[M]. 西安:西安电子科技大学出版社,2004.

[15] 单杭冠,徐岚,王宗欣. 基于恒模算法的室内多用户定位技术[J]. 复旦学报(自然科学版),2006,45(4):494-500.

[16] Enge P,Misra P. Special issue on global positioning system[J]. IEEE Journals & Magazines,1999,87(1):3-15.

[17] Lashley M,Bevly D M,Hung J Y. Performance analysis of vector tracking algorithms for

weak GPS signals in high dynamics[J]. IEEE Journal of Selected Topics in Signal Processing,2009,3(4):661-673.

[18] Winternitz L M B,Bamford W A,Heckler G W. A GPS receiver for high altitude satellite navigation[J]. IEEE Journal of Selected Topics in Signal Processing, 2009, 3(4): 541-556.

[19] 霍夫曼-韦伦霍夫,利希特内格尔,瓦斯勒. 全球卫星导航系统:GPS,GLONASS,Galileo及其他系统[M]. 程鹏飞,蔡艳辉,文汉江,等译. 北京:测绘出版社,2009.

[20] Cinar T,Ince F. Contribution of GALILEO to search and rescue[C]. Proceedings of the 2nd International Conference on Recent Advances in Space Technologies,Istanbul,2005:254-259.

[21] 中国卫星导航定位协会. 卫星导航定位与北斗系统应用[M]. 北京:测绘出版社,2012.

[22] Sun G,Chen J,Guo W,et al. Signal processing techniques in network-aided positioning:a survey of state-of-the-art positioning designs[J]. IEEE Signal Processing Magazine, 2005,22(4):12-23.

[23] 田辉,夏林元,莫志明,等. 泛在无线信号辅助的室内外无缝定位方法与关键技术[J]. 武汉大学学报(信息科学版),2009,34(11):1372-1376.

[24] Chon M,Cha H. Life map:a smartphone-based context provider for location-based services [J]. IEEE Pervasive Computing,2011,10(2):58-67.

[25] Liu H,Darabi H,Banerjee P,et al. Survey of wireless indoor positioning techniques and systems[J]. IEEE Transactions on Systems,Man,and Cybernetics,Part C:Applications and Reviews,2007,37(6):1067-1080.

[26] Ingram S J,Harmer D,Quinlan M. UltraWideBand indoor positioning systems and their use in emergencies[C]. Proceedings of the IEEE Conference on Position Location and Navigation Symposium,Monterey,2004:706-715.

[27] Hightower J,Borriello G. Location systems for ubiquitous computing[J]. IEEE Computer, 2001,34(8):57-66.

[28] Jardosh A P,Papagiannaki K,Belding E M,et al. Green WLANs:on-demand WLAN infrastructures[J]. Mobile Networks and Applications,2009,14(6):798-814.

[29] Youssef M A,Agrawala A,Shankar A U. WLAN location determination via clustering and probability distributions[C]. Proceedings of the IEEE International Conference on Pervasive Computing and Communications,Dallas-Fort Worth,2003:143-150.

[30] Wallbaum M,Wasch T. Markov localization of wireless local area network clients[J]. Lecture Notes in Computer Science,2004,2928:135-154.

[31] Prasithsangaree P,Krishnamurthy P,Chrysanthis P. On indoor position location with Wireless LANs[C]. Proceedings of the IEEE International Symposium on Personal, Indoor and Mobile Radio Communications,Lisboa,2002:720-724.

[32] Fang S H,Lin T N. Indoor location system based on discriminant-adaptive neural network

in IEEE 802. 11environments[J]. IEEE Transactions Neural Networks, 2008, 19(11): 1973-1978.

[33] Tsai C Y, Chou S Y, Lin S W, et al. Location determination of mobile device for indoor WLAN application using neural network[C]. Proceedings of the 4th IET International Conference on Intelligent Environments, Seattle, 2008: 1-8.

[34] Brunato M, Battiti R. Statistical learning theory for location fingerprinting in wireless LANs[J]. Computer Networks, 2005, 47(6): 825-845.

[35] 石鹏,徐凤燕,王宗欣. 基于传播损耗模型的最大似然估计室内定位算法[J]. 信号处理, 2005, 21(5): 502-505.

[36] Huang C T, Wu C H, Lee Y N, et al. A novel indoor RSS-based position location algorithm using factor graphs[J]. IEEE Transactions on Wireless Communications, 2009, 8(6): 3050-3058.

[37] Sampath V. Comparison of statistical and deterministic indoor propagation prediction techniques with field measurements[C]. Proceedings of the 47th IEEE Vehicular Technology Conference, Phoenix, 1997, (2): 1138-1142.

[38] Bahl P, Padmanabhan V N. RADAR: an in-building RF-based user location and tracking system[C]. Proceedings of the IEEE International Conference on Computer Communications, Tel-Aviv, 2000: 775-784.

[39] 陈永光,李修和. 基于信号强度的室内定位技术[J]. 电子学报, 2004, 32(9): 1456-1458.

[40] Tagashira S, Kanekiyo Y, Arakawa Y, et al. Collaborative filtering for position estimation error correction in WLAN positioning systems[J]. IEICE Transactions on Communications, 2011, E94-B(3): 649-657.

[41] Sertthin C, Fujii T, Ohtsuki T, et al. Multi-band received signal strength fingerprinting based indoor location system[J]. IEICE Transactions on Communications, 2010, E93-B(8): 1993-2003.

[42] Fang S H, Lin T N, Lee K C. A novel algorithm for multipath fingerprinting in indoor WLAN environments[J]. IEEE Transactions Wireless Communications, 2008, 7(9): 3579-3588.

[43] Fang S H, Lin T N. Accurate WLAN indoor localization based on RSS, fluctuations modeling[C]. Proceedings of the IEEE International Conference on Intelligent Signal Processing, Budapest, 2009: 27-30.

[44] Outemzabet S, Nerguizian C. Accuracy enhancement of an indoor ANN-based fingerprinting location system using kalman filtering[C]. Proceedings of the 19th IEEE International Symposium on Personal, Indoor and Mobile Radio Communications, Cannes, 2008: 1-5.

[45] Borenovic M, Neskovic A, Budimir D, et al. Utilizing artificial neural networks for WLAN positioning[C]. Proceedings of the 19th IEEE International Symposium on Personal, Indoor and Mobile Radio Communications, Cannes, 2008: 1-5.

[46] Naik U, Bapat V N. Adaptive empirical path loss prediction models for indoor WLAN [J]. Wireless Personal Communication, 2014, 79(2): 1003-1016.

[47] 阎啸天，温亮生，武威. WLAN 定位技术[EB/OL]. [2013-04-15]http://labs.chinamobile.com/mblog/712208_82775.

[48] Kushki A, Plataniotis K N, Venetsanopoulos A N. Intelligent dynamic radio tracking in indoor wireless local area networks[J]. IEEE Transactions Mobile Computing, 2010, 9(3): 405-419.

[49] Cho Y J, Shin Y S, Park S O. Internal PIFA for 2.4/5 GHz WLAN applications[J]. Electronics Letters, 2006, 42(1): 8-10.

[50] Yoo J W, Park K H. A cooperative clustering protocol for energy saving of mobile devices with WLAN and bluetooth interfaces[J]. IEEE Transactions Mobile Computing, 2011, 10(4): 491-504.

[51] Al J S, Caffery J J, You H R. A scattering model-based approach to NLOS mitigation in TOA location systems[C]. Proceedings of the IEEE Vehicular Technology Conference, Birmingham, 2002: 861-865.

[52] Yamasaki R, Ogino A, Tamaki T, et al. TDOA location system for IEEE 802.11b WLAN[C]. Proceedings of the IEEE Wireless Communications and Networking Conference, Orleans, 2005: 2338-2343.

[53] Xie Y Q, Wang Y, Zhu P C, et al. Grid search based hybrid TOA/AOA location techniques for NLOS environments[J]. IEEE Communications Letters, 2009, 13(4): 254-256.

[54] Ahmad H, Kaveh P. Performance comparison of RSS and TOA indoor geolocation based on UWB measurement of channel characteristics[C]. Proceedings of the IEEE International Symposium on Personal, Indoor and Mobile Radio Communications, Helsinki, 2006: 887-896.

[55] Sattarzadeh S A, Abolhassani B. TOA extraction in multipath fading channels for location estimation[C]. Proceedings of the IEEE International Symposium on Personal, Indoor and Mobile Radio Communications, Helsinki, 2006: 1027-1038.

[56] Smith D C, Nelson D J. A comparison of two methods for joint time scale and TDOA estimation for geolocation of electromagnetic transmitters[C]. Proceedings of the SPIE Advanced Signal Processing Algorithms, Architectures and Implementations, San Diego, 2008: 431-445.

[57] Tian H, Wang S, Xie H Y. Localization using cooperative AOA approach[C]. Proceedings of the International Conference on Wireless Communications, Networking and Mobile Computing, Shanghai, 2007: 2416-2419.

[58] Wong C M, Geoffrey G, Richard K. Evaluating Measurement-based AOA indoor location using WLAN infrastructure[C]. Proceedings of the ION GNSS, Texas, 2007: 1139-1145.

[59] Wang J J, Huang C, Zhou J, et al. The impact of AOA energy distribution on the spatial

fading correlation and SER performance of a circular antenna array[C]. Proceedings of the IFIP International Conference on Wireless and Optical Communications Networks, Bangalore, 2006: 1032-1038.

[60] Wirola L, Laine T A, Syrjarinne J. Mass-Market requirements for indoor positioning and indoor navigation[C]. Proceedings of the International Conference on Indoor Positioning and Indoor Navigation, Zurich, 2010: 1-7.

[61] Castro P, Chiu P, Kremenek T, et al. A probabilistic room location service for wireless networked environments[C]. Proceedings of the 5th ACM International Conference on Ubiquitous Computing, Seattle, 2003: 18-34.

[62] Kuo S P, Tseng Y C. A scrambling method for fingerprint positioning based on temporal diversity and spatial dependency[J]. IEEE Transactions Knowledge and Data Engineering, 2008, 20(5): 678-684.

[63] FCC. Revision of the commissions rules to insure compatibility with enhanced 911 emergency calling systems[R]. Washington: Federal Communications Commission, 1996.

[64] FCC. The Nation's 911 system 9-1-1 service is a vital part of our nation's emergency response and disaster preparedness system. [2014-06-15]https://www.fcc.gov/encyclopedia/9-1-1-and-e9-1-1-services.

[65] FCC. The public and broadcasting. [2014-06-15]https://www.fcc.gov/search/#q=wireless%20e911%20services%202008&t=web.

[66] Zagami J M, Parl S A, Bussgang J J, et al. Providing universal location services using a wireless E911 location network[J]. IEEE Communications Magazine, 1998, 36(4): 66-71.

[67] Connor J, Alexander B, Schorman E. CDMA infrastructure-based location finding for E911[C]. Proceedings of the IEEE Vehicular Technology Conference, Houston, 1999: 1973-1978.

[68] Reed J H, Krizman K J, Woerner B D, et al. An overview of the challenges and progress in meeting the E-911 requirement for location service[J]. IEEE Communications Magazine, 1998, 36(4): 30-37.

[69] Bull J F. Wireless geolocation[C]. Proceedings of the IEEE Vehicular Technology Conference, Anchorage, 2009, 4(4): 45-53.

[70] Xu Y, Ji S Y, Chen W, et al. The comparison on the positioning performance between BeiDou and GPS[C]. Proceedings of the 26th International Technical Meeting of the Satellite Division of the Institute of Navigation, Nashville, 2013: 369-382.

[71] Cho H H, Lee R H, Park J G. Adaptive parameter estimation method for wireless localization using RSSI measurements[J]. Journal of Electrical Engineering and Technology, 2011, 6(6): 883-887.

[72] Dikaiakos M D, Florides A, Nadeem T, et al. Location-aware services over vehicular ad-hoc networks using car-to-car communication[J]. IEEE Journal on Selected Areas in

Communications,2007,25(8):1590-1602.

[73] Roos T,Myllymaki P,Tirri H. A statistical modeling approach to location estimation[J]. IEEE Transactions Mobile Computing,2002,1(1):59-69.

[74] Feltes L H,Barbosa J L V. A model for ubiquitous transport systems support[J]. IEEE Latin America Transactions,2014,12(6):1106-1112.

[75] Youssef M,Agrawala A. The horus WLAN location determination system[C]. Proceedings of the International Conference on Mobile systems,Applications and Services,Seattle,2005:205-218.

[76] Youssef M, Agrawala A. Small scale compensation for WLAN location determination systems[C]. Proceedings of the IEEE Wireless Communications and Networking Conference,New Orleans,2003:208-219.

[77] Kalis A, Antonakopoulos T. Direction finding in IEEE 802. 11 wireless networks[J]. IEEE Transactions Instrumentation and Measurement,2002,51(5):940-948.

[78] Wang T. Novel sensor location scheme using time-of-arrival estimates[J]. IET Signal Processing,2012,6(1):8-13.

[79] Huang Y C,Brennan P V,Seeds A. Active RFID location system based on time difference measurement using a linear FM chirp tag signal[C]. Proceedings of the IEEE International Symposium on Personal,Indoor and Mobile Radio Communications,Cannes,2008:1-5.

[80] Cong L, Zhuang W H. Hybrid TDOA/AOA mobile user location for wideband CDMA cellular systems[J]. IEEE Transactions Wireless Communications,2002,1(3):439-447.

[81] Roshanaei M, Maleki M. Dynamic KNN: a novel locating method in WLAN based on angle of arrival[C]. Proceedings of the IEEE Symposium on Industrial Electronics and Applications,Kuala Lumpur,2009:722-726.

[82] Hazas M,Hopper A. Broadband ultrasonic location systems for improved indoor positioning[J]. IEEE Transactions Mobile Computing,2006,5(5):536-547.

[83] Kim HH,Ha K N,Lee S,et al. Resident location-recognition algorithm using a Bayesian classifier in the PIR sensor-based indoor location-aware system[J]. IEEE Transactions Systems,Man,and Cybernetics,Part C:Applications and Reviews,2009,39(2):240-245.

[84] Casas R,Cuartielles D,Marco A,et al. Hidden issues in deploying an indoor location system[J]. IEEE Pervasive Computing,2007,6(2):62-69.

[85] Seok H S,Hwang K B,Zhang B T. Feature relevance network-based transfer learning for indoor location estimation[J]. IEEE Transactions Systems, Man, and Cybernetics, Part C:Applications and Reviews,2011,41(5):711-719.

[86] Chen Y Q, Yang Q, Yin J,et al. Power-efficient access-point selection for indoor location estimation[J]. IEEE Transactions Knowledge and Data Engineering, 2006, 18 (7): 877-888.

[87] Figuera C,Mora J I,Guerrero C A,et al. Nonparametric model comparison and uncertainty evaluation for signal strength indoor location[J]. IEEE Transactions Mobile Computing,2009,8(9):1250-1264.

[88] Gorricho J L,Cotrina J. Indoor location on uncoordinated environments[J]. Electronics Letters,2011,47(20):1153-1154.

[89] Maher P S,Malaney R A. A novel fingerprint location method using ray tracing[C]. Proceedings of the IEEE Global Telecommunication Conference,Hawaii,2009:1-5.

[90] Fang S H,Lin T N. Principal component localization in indoor WLAN environments[J]. IEEE Transactions Mobile Computing,2012,11(1):100-110.

[91] Lee M Y,Han D S. Voronoi tessellation based interpolation method for Wi-Fi radio map construction[J]. IEEE Communications Letters,2012,16(3):404-407.

[92] Fang S H,Lin T N,Lin P C. Location fingerprinting in a decorrelated space[J]. IEEE Transactions Knowledge and Data Engineering,2008,20(5):685-691.

[93] Varshney U. The status and future of 802. 11-based WLANs[J]. Computer,2003,36(6):102-105.

[94] Hamie J,Denis B,Richard C. Decentralized positioning algorithm for relative nodes localization in wireless body[J]. Mobile Networks & Applications,2014,19(6):698-706.

[95] Want R,Hopper A. Active badges and personal interactive computing objects[J]. IEEE Transactions Consumer Electronics,1992,38(1):10-20.

[96] 徐凤燕,李樑宾,王宗欣. 一种新的基于区域划分的距离——损耗模型室内 WLAN 定位系统[J]. 电子与信息学报,2008,30(6):1405-1408.

[97] Want R,Hopper A,Falcao V,et al. The active badge location system[J]. ACM Transactions on Information Systems,1992,10(1):91-102.

[98] Harter A,Hopper A. A distributed location system for the active office[J]. IEEE Network,1994,8(1):62-70.

[99] Harter A,Hopper A,Steggles P,et al. The anatomy of a context-aware application[C]. Proceedings of the 5th Annual International Conference on Mobile Computing and Networking,Seattle,1999:59-68.

[100] Ward A,Jones A,Hopper A. A new location technique for the active office[J]. IEEE Personal Communications,1997,4(5):42-47.

[101] MIT CSAIL. The cricket indoor location system[EB/OL]. [2014-10-15] http://nms. lcs. mit. edu/projects/cricket/#overview.

[102] Hightower J,Want R,Borriello G. SpotON:An indoor 3D location sensing technology based on RF signal strength[R]. Seattle:University of Washington,2000.

[103] Krumm J,Harris S,Meyers B,et al. Multi-camera multi-person tracking for EasyLiving[C]. Proceedings of the 3rd IEEE International Workshop on Visual Surveillance,Dublin Ireland,2000:3-10.

[104] Orr R J, Abowd G D. The smart floor: a mechanism for natural user identification and tracking[C]. Proceedings of the Conference on Human Factors in Computing Systems, Hague, 2000: 275-276.

[105] Zhou M, Xu Y, Tang L. Multilayer ANN indoor location system with area division in WLAN environment[J]. Journal of Systems Engineering and Electronics, 2010, 21(5): 914-926.

[106] Zhou M, Xu YB, Ma L. Radio-map establishment based on fuzzy clustering for WLAN hybrid KNN/ANN indoor positioning[J]. China Communications, 2010, 7(3): 64-80.

[107] 徐凤燕，单杭冠，王宗欣. 一种带参数估计的基于接收信号强度的室内定位算法[J]. 微波学报，2008，24(2)：67-72.

[108] 谷红亮，史元春，申瑞民，等. 一种用于智能空间的多目标跟踪室内定位系统[J]. 计算机学报，2007，(9)：1603-1611.

[109] 倪巍，王宗欣. 基于接收信号强度测量的室内定位算法[J]. 复旦学报(自然科学版)，2004，43(1)：72-76.

[110] 程远国，李煜，徐辉. 基于多元高斯概率分布的无线局域网定位方法研究[J]. 海军工程大学学报，2007，19(5)：27-31.

[111] 袁正午，邓思兵，李恭伟. 基于多元线性回归快速迭代的室内定位方法研究[J]. 计算机应用研究，2007，24(12)：121-123.

[112] 邓志安. 基于学习算法的 WLAN 室内定位技术研究[D]. 黑龙江：哈尔滨工业大学，2012.

[113] Bahl P, Balachandran A, Padmanabhan V N. Enhancements to the RADAR user location and tracking system[R]. Seattle: Microsoft Research, 2000.

[114] Youssef M, Agrawala A. Handling samples correlation in the horus system[C]. Proceedings of the IEEE INFOCOM, Hong Kong, 2004, 2: 1023-1031.

[115] Youssef M. Horus: a WLAN based indoor location determination system[D]. City of College Park: University of Maryland, 2004.

[116] Battiti R, Nhat T L, Villani A. Location-aware computing: a neural network model for determining location in wireless LANs[R]. Trento: University of Trento, 2002.

[117] Wu Z L, Li C H, et al. Location estimation via support vector regression[J]. IEEE Transactions on Mobile Computing, 2007, 6(3): 311-321.

[118] Kushki A, Plataniotis K N, Venetsanopoulos A. Kernel-based positioning in wireless local area networks[J]. IEEE Transactions on Mobile Computing, 2007, 6(6): 689-705.

[119] 郎昕培，许可，赵明. 基于无线局域网的位置定位技术研究和发展[J]. 计算机科学，2006，33(6)：21-24.

[120] Zhao F, Yao W, Logothetis C C, et al. Comparison of super-resolution algorithms for TOA estimation in indoor IEEE 802.11 wireless LANs[C]. Proceedings of the International Conference on Wireless Communications, Networking and Mobile Computing,

Wuhan,2006:1-5.

[121] Li X,Pahlavan K. Super-resolution TOA estimation with diversity for indoor geolocation[J]. IEEE Transactions on Wireless Communications,2004,3(1):224-234.

[122] Robert A,Tummala D,Li X R. Indoor propagation modeling at 2.4GHz for IEEE 802.11 networks[C]. Proceedings of the 6th IASTED International Multi-conference on Wireless and Optical Communications Wireless Networks and Emerging Technologies, Banff,2006:510-514.

[123] Wang Y,Jia X,Lee H K,et al. An indoors wireless positioning system based on wireless local area network infrastructure[C]. Proceedings of the 6th International Symposium on Satellite Navigation Technology including Mobile Positioning and Location Services, Melbourne,2003:1-13.

[124] Seidel S Y,Rapport T S. 914 MHz path loss prediction model for indoor wireless communications in multi-floored buildings[J]. IEEE Transactions on Antennas and Propagation,1992,40(2):207-217.

[125]Ni W,Wang Z X. Indoor location algorithm based on the measurement of the received signal strength[J]. Frontiers of Electrical and Electronic Engineering in China,2006, 1(1):48-52.

[126] Robinson M,Psaromiligkos I. Received signal strength based location estimation of a wireless LAN client[C]. Proceedings of the IEEE Wireless Communications and Networking Conference,New Orleans,2005:2350-2354.

[127] Li X. RSS-based location estimation with unknown pathloss model[J]. IEEE Transactions on Wireless Communications,2006,5(12),3626-3633.

[128] Pahlavan K,Levesque A. Wireless Information Networks[M]. New York:John Wiley & Sons,1995.

[129] Hatami A. Application of channel modeling for indoor localization using TOA and RSS [D]. Worcester:Worcester Polytechnic Institute,2006.

[130] Hatami A,Pahlavan K. Comparative statistical analysis of indoor positioning using empirical data and indoor radio channel models[C]. Proceedings of the 3rd IEEE Consumer Communications and Networking Conference,Las Vegas,2006:1018-1022.

[131] Ji Y,Biaz S,Pandey S,et al. Ariadne:a dynamic indoor signal map construction and localization system[C]. Proceedings of the 4th International Conference on Mobile Systems,Applications and Services,Uppsala,2006:151-164.

[132] Sayrafian-Pour K,Kaspar D. Indoor positioning using spatial power spectrum[C]. Proceedings of the IEEE 16th International Symposium on Personal Indoor and Mobile Radio Communications,Berlin,2005:2722-2726.

[133] Niculescu D,Nath B. VOR base stations for indoor 802.11 positioning[C]. Proceedings of the 10th Annual International Conference on Mobile Computing and Networking,

Philadelphia,2004:58-69.

[134] LaMarca A, Chawathe Y, Consolvo S, et al. Place lab: device positioning using radio beacons in the wild[C]. Proceedings of the 3rd International Conference on Pervasive Computing, Berlin, 2005:116-133.

[135] Hightower J, LaMarca A, Smith I. Practical lessons from place lab[J]. IEEE Pervasive Computing, 2006, 5(3):32-39.

[136] Cheng P C, Chawathe Y, LaMarca A, et al. Accuracy characterization for metropolitan-scale Wi-Fi localization[C]. Proceedings of the 3rd International Conference on Mobile Systems, Applications, and Services, Seattle, 2005:233-245.

[137] Small J, Smailagic A, Siewiorek D P. Determining user location for context aware computing through the use of a wireless LAN infrastructure[R]. Pittsburgh: Carnegie Mellon University, 2000.

[138] Castro L A, Favela J. Continuous tracking of user location in WLANs using recurrent neural networks[C]. Proceedings of the 6th Mexican International Conference on Computer Science, Puebla, 2005:174-181.

[139] Martinez E A, Cruz R, Favela J. Estimating User Location in a WLAN Using Backpropagation Neural Networks[M]. Berlin: Springer, 2004.

[140] Nerguizian C, Despins C, Affs S. Indoor geolocation with received signal strength fingerprinting technique and neural networks[C]. Proceedings of the ICT, Fortaleza, 2004: 866-875.

[141] Krumm J, Platt J. Minimizing calibration effort for an indoor 802. 11 device location measurement system[R]. Washington: Microsoft Research, 2003.

[142] Ahmad U, Gavrilov A, Nasir U, et al. In-building localization using neural networks[C]. Proceedings of the IEEE International Conference on Engineering of Intelligent Systems, Islambad, 2006:1-6.

[143] Roos T, Myllymaki P, Tirri H, et al. A probabilistic approach to WLAN user location estimation[J]. International Journal of Wireless Information Networks, 2002, 9(3): 155-164.

[144] Seshadri V, Zruba G V, Huber M. A bayesian sampling approach to in-door localization of wireless devices using received signal strength indication[C]. Proceedings of the 3rd IEEE International Conference on Pervasive Computing and Communications, Piscataway, 2005:75-84.

[145] ITO S, Kawaguchi N. Bayesian based location estimation system using wireless LAN [C]. Proceedings of the 3rd International Conference on Pervasive Computing and Communications Workshops, Los Alamitos, 2005:273-278.

[146] Kushki A, Plataniotis K N, Venetsanopoulos A N, et al. Radio map fusion for indoor positioning in wireless local area networks[C]. Proceedings of the 8th International

Conference on Information Fusion, Philadelphia, 2005: 1311-1318.

[147] Kleisouris K, Chen Y, Yang J, et al. Empirical evaluation of wireless localization when using multiple antennas[J]. IEEE Transactions on Parallel and Distributed Systems, 2010, 21(11): 1595-1610.

[148] Keerthi S S, Lin C J. Asymptotic behaviors of support vector machines with gaussian kernel[J]. Neural Computation, 2003, 15(7): 1667-1689.

[149] Fang S H, Lin T N. Projection-based location system via multiple discriminant analysis in wireless local area networks[J]. IEEE Transactions on Vehicular Technology, 2009, 58(9): 5009-5019.

[150] Fang S H, Lin T N. Adynamic system approach for radio location fingerprinting in wireless local area networks[J]. IEEE Transactions on Communications, 2010, 58(4): 1020-1025.

[151] Scholkopf B, Smola A J. Learning with Kernel[M]. Cambridge: Cambridge University Press, 2000.

[152] Mika S, Ratsch G, Weston B, et al. Fisher discriminant analysis with kernels[C]. Proceedings of the IEEE International Workshop on Neural Networks for Signal Processing, Madison, 1999, 41-48.

[153] Yu H, Yang J. A direct LDA algorithm for high-dimensional data-with application to face recognition[J]. Pattern Recognition, 2001, 34(10): 2067-2070.

[154] Yu L, Liu H. Feature selection forhigh-dimensional data: a fast correlation-based filter solution[C]. Proceedings of the 20th International Conference on Machine Learning, San Francisco, 2003: 856-863.

[155] Mitchell T M. Machine Learning[M]. Beijing: China Machine Press, 2003.

[156] Li W, Liu C. Chen Y. Classifying text corpus based on information gain weigh of feature [J]. Journal of Beijing University of Technology, 2006, 32(5): 456-460.

[157] Borenovic M, Neskovic A, Budimir D. Space partitioning strategies for indoor WLAN positioning with cascade-connected ANN structures[J]. International Journal of Neural Systems, 2011, 21(1): 1-15.